Established 1706

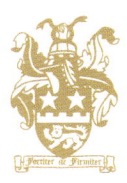

TWININGS™
OF LONDON

SINCE 1706

唐寧茶生活美學的誕生

TWININGS唐寧茶 著

Contents

讓喝茶成為生活美學：史蒂芬‧唐寧給台灣的一封信
作者序：為三百年經典茶飲鑲上時尚工藝的桂冠

Chapter 1　唐寧茶橫越三世紀的茗飲風華
012　引領皇室貴族跨世紀風潮的茶飲
018　輝煌三世紀的唐寧茶記事
022　家族榮光與傳承：第十代傳人史蒂芬‧唐寧的經營之道
032　拜訪唐寧倫敦創始店 216 Strand Shop
038　客製茶服務──Earl Grey Tea 與 Lady Grey Tea
041　當代茶飲的時尚演繹

Chapter 2　傳世風味！唐寧調茶大師的專業與講究
046　英國皇家認證的專業調茶
056　唐寧首席調茶師 Philippa Thacker 的調茶哲學
065　春夏秋冬四季選茶推薦
070　認識世界知名產茶區及茶葉特色

Chapter 3　專屬於唐寧的調飲美學
078　世界級調飲大師的調茶美學

世界級調飲大師的創意茶譜
084　Windsor
086　Ritz Paris

088	Ventura Lambrate	122	第三屆・金賞	無花實花
090	Mooi	124	第三屆・銀賞	Bradley Mocktail
092	A Day in the Garden	126	第三屆・銅賞	深沉的 ROCK
096	Dine with me			
098	Rubiko	130	第四屆・金賞	BLVD
		132	第四屆・銀賞	克蘿伊
102	風靡世界的調飲大賽	134	第四屆・銅賞	Weaving Fashion
106	第一屆・金賞　夏日協奏曲			
108	第一屆・銀賞　激情拉丁	138	第五屆・金賞	Trend & Tradition
110	第一屆・銅賞　序曲	140	第五屆・銀賞	Memories of Fantasy
		142	第五屆・銅賞	Legacy
114	第二屆・金賞　瘋狂帽客的呢喃			
116	第二屆・銀賞　蛻變			
118	第二屆・銅賞　萬靈藥			

Chapter 4　烘焙綻放精品茶的優雅風韻

146　茶香繚繞口中的精品茶點心

149	伯爵風味可可司康	155	鉑金胭脂莓果金芒蛋糕
151	晨光甘菊香檸蛋糕	157	鉑金焦糖莓果巧克力慕斯
153	鉑金薄荷橙香蛋糕		

特別附錄

160　世界級調飲大師── Luca 茶譜
168　TWININGS 調茶大賽茶譜
184　頂級精品茶饗宴的甜點食譜

Letter from Stephen Twining

讓喝茶成為生活美學：
史蒂芬・唐寧給台灣的一封信

「你要不要來杯茶？」這是英國人每天和朋友社交聚會時的通關密語！

身為全世界第一個茶品牌同時被譽為茶中精品的唐寧茶第十代傳人，我不得不這麼說，如果茶之於英國人代表著個人生活儀式，那麼唐寧茶之於全球愛茶的人士就代表著一種品味，一種文化美學。

唐寧茶除了是歷史最悠久的品牌，也是最早為英國貴族客製專屬茶品的品牌，最廣為人知的便是專為格雷伯爵二世調製的「皇家伯爵茶」。回溯到三百多年前，我的曾曾曾祖父湯瑪士・唐寧先生在1706年於倫敦河岸街（Strand）街上開設了第一間茶葉專賣店，在當時的貴族與上層社會名流間造成一股風潮。在1837年，唐寧茶成為維多利亞女王親授之首屆皇家認證的茶品：她委任唐寧茶供應茶品到宮邸，自此開始唐寧茶持續獲得歷屆的英國君主青睞與認可，供應茶品至皇室宮邸。當然，我個人也深感榮耀的是，在唐寧茶傳承三百多年後的今天，仍和英國皇室維繫緊密的關係，近年來，唐寧茶也透過推出專為慶賀皇室重要時刻所調配的特殊紀念茶款來分享我們的欣喜。

我從8歲就開始接觸茶，目前，我的工作是擔任唐寧在全球市場的品牌大使。每年旅行超過100個城市，但是，讓我最為欣賞的是台灣。台灣有品質非常棒的茶葉，長期以來，唐寧茶也一直向台灣採購品質最佳的高山烏龍茶葉提供給倫敦的消費者。前幾年受邀來台，我發現短短的十幾年間，唐寧茶引領的英式下午茶文化已經成功的進入競爭激烈的台灣茶市場，並蔚為社交圈的時尚文化。從五星級飯店到各式的餐飲咖啡店都可以看到不同形式的英式下午茶，讓我深刻體會出台灣人不凡的生活品味。

最後，我想謝謝台灣的朋友，謝謝你們支持唐寧茶並享受唐寧茶。非常期待你我下次的見面！Cheers！我的台灣朋友們！

Preface

為三百年經典茶飲鑲上時尚工藝的桂冠

英國倫敦Strand街216號—唐寧茶博物館。這是世界第一間販賣茶葉以及咖啡的商店，至今仍以300年前的原貌屹立在倫敦最熱鬧的Strand街上，不僅是當地人購買茶葉的首選，也成為倫敦著名的觀光景點。它是唐寧茶百年經典敘事的起始，也是英國飲茶文化的源頭。唐寧茶的歷史，等同於英國茶的歷史。

創始人湯瑪士・唐寧先生以其敏銳的商業嗅覺以及對紅茶的滿腔熱情揭開了唐寧茶屹立不搖三世紀的序幕。在當時，喝茶是貴族們獨有的風雅，100克的唐寧Gunpowder Green Tea相當於現在160英鎊的高價。第三代傳人理查一世以其高明的談判技巧及生意手腕，成功地說服首相大幅降低茶稅，於是唐寧茶跨越了階級貧富的藩籬，落實到平民百姓的生活裡。爾後貴族帶動的下午茶風潮，奠基了英國聞名的下午茶傳統，喝茶於是成為重要的日常。

日常也可以不平凡。1837年維多利亞女王親授唐寧茶為首屆皇家認證的茶品，自此唐寧茶與皇家般極致品質劃上等號，陸續於1972年成為第一個榮獲伊莉白女皇頒贈「出口產業獎勵獎」的茶業公司，並於1977年再度獲此殊榮。唐寧茶也參與了皇室的重要時刻，如：2011年「凱特王妃皇室婚禮紀念茶」、2012年「英國女王登基60週年典藏限量茶」，以及2016年伊莉莎白女王二世90歲壽誕茶。唐寧茶可說是最有皇家風範及最受皇室青睞的茶葉品牌。

唐寧的傳世精神：堅持茶葉的品質一定得是最佳狀態才能販售。因此，唐寧調茶大師只採用全球最高品質的茶葉，以近乎挑剔的拼配工藝調茶，就為了確保消費者飲用到的是最高品質的唐寧茶。隨著世界潮流不斷的變遷，消費者飲茶習慣的改變，唐寧茶承襲一貫的工藝精神以及延續理查一世・唐寧降低茶稅，讓飲茶普及同樣的初衷，於是當代的唐寧又一創舉，業界首創連續六年的唐寧調飲大賽，藉此發掘並培養更多調飲專業工藝大師。而唐寧引領的時尚調飲風潮，是超過300年製茶的專業，以無與倫比的拼配工藝與對茶的熱情，透過當代的調茶美學將茶飲昇華為時尚有型的生活風格。唐寧茶再次革新了茶飲市場的外觀價值與內在靈魂。

從倫敦發跡，到全球佈局，「唐寧茶」累積了無數的創新體驗，讓現代消費者豐富了對生活美學的追求。出版本書希望在享受品茗唐寧茶調飲的同時，領略的不只是茶飲的醇美，更是大師工藝的創作，是時尚美學的展演，還有與時俱進的經典雋永。

TWININGS 唐寧茶

EVOLUTION OF TWININGS OVER 300 YEARS

Chapter 1

唐寧茶橫越三世紀的茗飲風華

Evolution of Twinings Over 300 Years

唐寧茶,擁有 310 年歷史底蘊與皇家風範。
源起於 1706 年,
只因創始人湯瑪士・唐寧(Thomas Twining)先生
對於紅茶的滿腔熱情,
開啟了大英帝國紅茶茗飲的傳世風華。

History of Twinings

引領皇室貴族
跨世紀風潮的茶飲

唐寧家族是英國都鐸王朝的血親家族，早期於格羅斯特郡從事紡織業，由於紡織業的衰退，湯瑪士・唐寧（Thomas Twining）一家隨即遷居到當時全世界的金融中心—倫敦。在那個時期做生意是想要擁有倫敦公民權利的先決條件，這也成為湯瑪士未來投身商場的關鍵。1701年湯瑪士，時年26歲，終於獲得倫敦公民的身份；之後離開紡織業，轉而投入東印度公司富商湯瑪士・戴夫旗下學習買賣技巧。那時，東印度公司從世界各地進口各式各樣的舶來品，其中也包括茶葉，負責處理茶

葉訂單的湯瑪士因此大量吸收專業的茶葉知識。

早在1662年，英皇查理斯二世的妻子、葡萄牙公主凱薩琳（Catherine of Braganza）正式由皇室將茶葉引進英格蘭。她以她的嫁妝之一——茶葉款待貴族賓客，使茶飲成為上流階層的時髦飲品。

湯瑪士深深為茶飲品快速成長而帶來的商機著迷，1706年，他單靠一己之力進入了茶葉市場。同年，更買下倫敦河岸街（Strand）街上的Tom's Coffee House咖啡館，開始經營茶葉生意。

這家店位於西敏寺與倫敦市中心的交界，地理位置絕佳，此區域住著因為倫敦大火而剛移居此處的大量貴族，擁有極大商機。因為在當時，咖啡館是倫敦人的社交生活裡不可缺少的場所，湯瑪士了解茶葉是未來深具潛力的飲品，於是，選擇在咖啡館裡販售茶葉；即便當時的社會風氣不允許婦女進入以男性為主的咖啡館，但他成功讓唐寧茶成為良好信譽的茶葉品牌，因而造成風潮，許多名門淑女們寧願坐在豪華馬車裡，在店外等待，讓她們的僕人幫忙購買夢寐以求的茶葉。

18世紀初，英國的酒商與掌握經濟的貴族們，為了對抗這股茶飲新潮流，對茶葉課以高額稅賦，但卻依然無法阻擋這群時尚的上流人士每天蜂擁而至，趨之若鶩的到Tom's Coffee House購買茶葉。儘管那時期街上的咖啡館林立、競爭激烈，唯有深具新鮮感和特色才能存活下來，湯瑪士充滿遠見的經營方式，讓Tom's Coffee House持續受到人們的喜愛。

歷久彌新的優雅風範

在長久用心的經營下，唐寧茶於1837年成為維多利亞女王親授之首屆皇家認證的

茶品，期後更獲得歷屆的英國君主家庭成員的青睞，成為皇室貴族的茶葉御用品牌。這使得唐寧茶不但是該世代最具指標性的紅茶業者，這也讓TWININGS的高雅氣息源源流傳下去。

TWININGS的第三代傳人理查一世・唐寧（Richard I Twining）更帶領家族事業攀上高峰。運用他的社經影響力說服政府大幅降低茶葉稅，讓茶葉價格不再高不可攀，更讓喝茶習慣流入尋常百姓們的家庭裡。此外，他也將事業觸角伸向銀行業務，當時許多人在TWININGS銀行要求將支票直接兌現茶葉，由此可見英國民眾對TWININGS紅茶的熱愛。

二次大戰爆發，戰火蔓延，英國政府實施食物定量配給的政策，即便如此，都沒辦法停止人們對唐寧茶的需求，茶葉生意更沒有因為戰爭下滑。此時，唐寧茶仍為戰時的紅十字會提供食品包裹，並在許多志願婦女團體及基督教青年會飯堂提供茶飲品。

唐寧茶不但是該世代最具指標性的紅茶業者,這也讓TWININGS的高雅氣息源源流傳下去。

Chapter 1 唐寧茶橫越三世紀的茗飲風華

這是世界上第一間販賣茶葉和咖啡的博物館，無論建築外觀或內部裝潢，仍以300多年前的原貌活躍於河岸街（Strand）街上。

直至1972年，TWININGS已成功地在競爭激烈的全球茶葉市場脫穎而出，成為第一個榮獲英國伊利莎白女皇頒贈「出口產業獎勵獎」的茶葉公司，並於1977年再度獲得此殊榮。

TWININGS創始店經過了300多年的歲月洗禮，匯集了豐富多元的茶葉知識，成為今日佇立於倫敦街道上的唐寧茶博物館。這是世界上第一間販賣茶葉和咖啡的博物館，無論建築外觀或內部裝潢，仍以300多年前的原貌活躍於河岸街（Strand）街上，是當地人購買茶葉的首選，也成為倫敦著名的觀光景點。

因為創始人湯瑪士・唐寧（Thomas Twining）對於茶的熱愛和獨到的市場敏銳度，使得唐寧茶得以成為茶葉貿易的先驅，並不斷在世界各地推動創新與品質。時至今日，唐寧茶輝煌的紀錄仍持續發燒，除了英倫早餐茶和皇家伯爵茶…等經典茶款擁有高人氣，爾後創新的茶品配方，包括果香紅茶、花草茶…等，總計超過600多種品項的茶款，都能迎合所有茶迷們的味蕾。目前TWININGS已交棒到第十代傳人，延續著300多年來對於茶葉的專業知識及優良的調茶技術，不斷提供茶飲愛好者皇室般的極致品質與無法取代的絕佳風味。

TWININGS Chronicle

輝煌三世紀的唐寧茶記事

17世紀
英國貴族開始流行喝茶文化

1610年
荷蘭東印度公司從中國採購綠茶，經過爪哇萬丹區，再轉運至荷蘭海牙，輾轉傳到英國，1657年倫敦開始賣起昂貴的茶葉。

1662年
英國國王查理二世迎取葡萄牙凱薩琳公主，她帶了許多珍貴嫁妝到倫敦，包含了221磅（即約100公斤）的茶葉。她常用紅茶招待貴族賓客，在當時，喝紅茶是貴婦的象徵之一。

成為倫敦第一間茶舖，正是唐寧創始店「216 Strand」，往後的300年，世界各地的愛茶者莫不前往朝聖。

THOMAS TWINING.
The Founder of the House of Twining.
[1675–1741]
After the original picture by Hogarth.

18世紀
唐寧家族讓茶飲普及

1706年
湯瑪士買下河岸街的Tom's Coffee House，將茶飲帶入上流人士代表的咖啡館文化中，並將店名改為黃金獅子（Golden Lyon），往後的業績蒸蒸日上，擴大營業，

1741年
湯瑪士過世後，由兒子丹尼爾（Daniel Twining）接管事業，並於1749年將茶葉賣到北美洲，當時住波士頓的州長也是他的客戶。

1762年

丹尼爾驟逝，由他的妻子瑪麗唐寧（Mary Little Twining）和兒子理查一世（Richard I Twining）共同管理家業。在茶葉市場中有著稅賦過高、走私猖獗或私混茶葉的問題，但是瑪麗堅持只賣合法的高品質茶葉。

1771年

理查一世有著高明的談判技巧及生意手腕，而被推選為倫敦茶葉經銷商的主席，與政府討論茶葉進口及賦稅的議題。

1783年

理查一世向英國首相William Pitt諫言降低賦稅，為增加合法茶葉進口商的競爭力。1874年，減稅法案（The Commutation Act）正式通過，在短短的幾年內促進了正規的茶葉交易量，讓茶飲在英國普及並流行起來。

1787年

理查一世創立了TWININGS商標及大門的樣式，是歷史上最早創建且繼續沿用至今的商標。

19世紀
唐寧茶獲得英國女皇認證

1830年

理查二世‧唐寧為格雷伯爵（Earl Grey）調茶，深受格雷喜愛，並以他的名字為該款茶命名並在店裡販售。唐寧也因此開始提供客製茶服務，至今在216 Strand店內仍延續客製的調茶服務，為每位客人調配專屬自己口味的茶品，同時在產品包裝上還印有格雷伯爵的簽名。

1837年

維多利亞女王授與理查二世‧唐寧皇室御用許可認證，成為皇室家族的茶葉供應商，至今仍定期為皇室提供服務、深受青睞。

1845年

第七代貝德福公爵夫人的下午茶風潮大受歡迎。起因是當時英國貴族早餐、午餐吃

得不多，具有社交性質的晚餐大多安排在音樂會或觀劇之後，時間距離上一餐實在太久，於是貝德福公爵夫人便想在下午宴請賓客喝紅茶搭配麵包、甜點⋯等。雖以享用紅茶和點心為目的，但擺盤十分賞心悅目，極受好評而帶起一股風潮，此後下午茶也成為貴族交際的場合。

20世紀
唐寧茶走向國際

1910年
唐寧在法國開設第一家分店。同年，湯瑪士・蘇利文（Thomas Sullivan）寄送茶樣品時，發明了好沖泡的茶包。

1933年
席德克・唐寧（Sidgwick Twining）推出唐寧最有名的英倫早餐茶（English breakfast tea），至今不只是唐寧最熱銷的茶款之一，同時是英國茶中最著名的茶品。

1939年
二次大戰期間，即使茶葉採配給制度，也無法停止大眾對茶葉的需求。唐寧將茶葉提供給紅十字會和相關團體，再送到戰事前線，以鼓舞戰時的士氣。

1956年
唐寧研發並販售茶包系列的商品，一上市備受肯定，在美國更大受歡迎，正式進入方便飲用茶款的時代。

1972年
唐寧獲得英國女王出口獎的殊榮，是第一家獲此殊榮的茶葉商。

1992年
花果茶低咖啡因系列問世。

21世紀
從皇室禮讚茗飲到精品茶飲美學

2004年
唐寧推出舉世知名的「Everyday Tea」。同

年，對於產茶區的學童提供適當的教育機會，幫助他們就學就業…等，規劃了一系列的企業回饋和公益活動。

2010年
重新推出綠茶系列茶品。

2011年
隆重推出了「凱特王妃皇室婚禮紀念茶」，唐寧茶特別選用最優質的「白茶」來設計這款意義非凡的紀念茶。白茶象徵尊貴潔白的婚紗，並添加粉紅玫瑰花瓣代表新娘捧花，以及少許佛手柑，是獨家限量的唐寧皇室婚禮紀念茶款。

同一年，在唐寧茶的總部推出茶學院計畫，提供讓人了解茶葉從不同的產地成長的過程，送到工廠處理、調茶、包裝，最後出現在餐桌…等體驗活動。

2012年
推出「Queen's Diamond Jubilee Commemorative Blend」茶款，此為英國女王登基60週年典藏限量茶，特選頂級的印度阿薩姆紅茶搭配雲南普洱，蘊含淡雅且回甘的口感，散發令人愉悅的馨香。罐身圖紋是代表皇室的圖騰，如馬車、權杖、帽飾…等。

2013年
唐寧茶的專業調茶師走訪世界各地，研究調製出不同的大師風味並推出嚴選的大師茗作系列茶款。第十代傳人史蒂芬‧唐寧（Stephen Twining）同時也是調茶師，他以阿薩姆紅茶加雲南滇紅調配出全新的驚奇滋味，命名為「狂歡節」。

2016年
伊莉莎白女王二世90歲壽誕，唐寧茶接受皇室委託，特調「Queen's 90th Birthday」紀念茶款。罐身選用了皇家氣質的寶藍色襯底，綴上耀眼典雅的女王頭像與冠冕圖紋設計。

Interview

家族榮光與傳承：
第十代傳人史蒂芬・唐寧的經營之道

唐寧家族至今已到第十代，史蒂芬・唐寧（Stephen Twining）身負著300多年的家族榮光與傳承重任。

茶香世家文化的重要傳遞者

溫文儒雅、充滿英國紳士氣息的史蒂芬，言談中滿是對於茶葉的熱愛之情，自8歲開始，他發現自己比同期的孩子更懂茶、品嚐過更多款茶，史蒂芬冀望把茶千變萬化的世界介紹給更多的人知道，讓大家都懂得品味高品質的好茶。

求學期間的他曾走訪世界各國、接觸多元文化，其中，最讓他印象深刻的是在澳洲打工生活的時光，讓他更加地認真看待所有的茶葉、香草……等食材源頭與製作，這些養份成為日後他發想各種調茶的奠基。

正式進入家族事業後，為深刻了解每個與茶有關的細微末節，史蒂芬從拜訪產地開始，實際到不同茶產區了解風土狀態、種植方式、採摘品質的要求、繁瑣的製茶流

Chapter 1 唐寧茶橫越三世紀的茗飲風華

程、以及工廠內的生產線運作模式等，藉由深入的產地學習，也認識了許多茶農朋友，深切體會到他們的日常生活與辛勞。

除了產地學習、關心茶農生活，身為第十代傳人還得具有品茶、調茶技術和辨別茶品的專業能力，才能對於每款茶如數家珍。史蒂芬在唐寧總部工作的期間，從基礎開始，用味蕾仔細記住每款茶的風味特色、拼配調茶的細節，進而成為專業品茶師與調茶師。

而長期與父親山繆‧唐寧（Samuel Twining）一起工作的史蒂芬，更謹記祖訓，堅持出品的茶葉品質一定都得是最佳狀態才能販售，秉持著歷代傳人們一直以來對於茶品的嚴謹要求。

除了探究茶本質外，史蒂芬更積極研究茶品市場面的供給與需求、公司管理營運，甚至是世界潮流的最新變化…等，為讓家族事業一直保有市場敏銳度和熱度，至今也一直研發、開展經典茶品牌的各種可能性。在父親山繆經營家族事業的期間，唐寧茶已行銷到全世界100個國家，史蒂芬接手之後，這幾年更增加到115國，顯見唐寧茶深受全世界愛茶人士們的喜愛，不僅在品牌推廣上屢創佳績，更讓喝茶文化深入越來越多人的日常家庭中。

三代傳人對唐寧茶的重大影響

在第十代傳人史蒂芬的心中，歷代祖先裡有三位對唐寧的發展特別具有深遠的影響。

第一位是創立唐寧的湯瑪士‧唐寧（Thomas Twining），他獨到眼光和積極靈活的經商方式，讓咖啡館也賣茶這件事受到相當大的矚目。即便當時的社會環境不容許女性進入咖啡館，但湯瑪士卻有著背道而馳的待客態度，他更重視女性顧客的服務，

堅信茶飲商機的無限潛力，是劃時代的驚人創舉。

第二位是遊說並協助政府推行減稅法案的理查一世（Richard I Twining），改善了國家財務及非法走私的問題，深刻影響當時的社會。第三位則是他的父親山繆（Samuel Twining），首推茶包產品，並且決定離開倫敦遷廠到倫敦近郊的安多佛（Andover）擴大生產，大刀闊斧地拓展國際事業版圖。

史蒂芬至今仍謹記著父親對他的遺訓，唐寧成功有三個主要原因，一是專注，即使唐寧可以發展其他事業版圖，但是「把擅長的事做到最好」才是最重要的事，二是自始至終都要堅持高水準的產品，三是讓家族的人留在公司管理業務，並委派員工出國進修學習。謹記並落實父親的教導，即使面對時時充滿變數的世界潮流，史蒂芬仍能勤奮地繼續為唐寧開創新局，堅守家族的品牌精神。

關心茶農生活並追求更高茶葉品質

茶葉品質是唐寧一直以來最重視的，而為了讓自家茶葉高水準且品質恆定，嚴格品管是第一道防線，也因此得溯源到產地。唐寧的茶葉來自世界各地，採購師和調茶師得常年造訪每個茶產區，有的茶區已經跟唐寧合作上百年之久，唐寧十分關心當地茶農的生活，並推出了「Sourced with Care」的計畫。這項計畫是立志改善在地工作者們的生活品質，涵蓋範圍包括唐寧所有原物料的供應鏈，像是茶葉、香草、花材、包材⋯等產地，目前已遍及亞洲、非洲、南美洲等地。

史蒂芬強調，每個人都應有正當工作以供應自己和家人過更好的生活，所以這項計劃涵蓋了學童教育、社區硬體建設、創造就業機會、改善生活衛生條件⋯等，實質且有感地提升各茶區的生活水準和農耕技術。而這些來自於企業主動的改變、對於員工與合作茶農的照顧，也保障了唐寧茶最重視的茶葉品質。截至目前為止，這個計劃持續進行中，甚至還有更多單位參與，包括UNICE（聯合國兒童基金會）、Save the children（助養兒童計畫）、CARE（國際關懷協會）⋯等。

不僅照顧茶農，對於唐寧來說，每位公司員工也有如家人般重要。從倫敦遷廠到安多佛（Andover）時，大部分員工也一同搬家，公司還提供了適當的住所給員工家眷們，讓員工安心且無後顧之憂。他表示自己只是個為家族事業發聲的角色，他衷心感謝每位員工的努力，無論是總公司或世界各地分公司，他希望大家能感受到他的熱情和對員工的信任感，也因為如此，為唐寧服務的員工們總是能長保對於茶的熱忱與向心力，共同致力擦亮唐寧這塊響亮的招牌。

Chapter 1 唐寧茶橫越三世紀的茗飲風華

探究各種喝茶需求，研發茶款

很多年輕人跟史蒂芬分享過他們第一次喝茶的經驗，許多人不約而同地都說是祖父祖母泡給他們喝的，美好的童年回憶都會跟唐寧茶連結在一起，因此，喝茶時也習慣首選從小就喝習慣的唐寧茶。

雖然時代在變，喝茶人口年齡層從年輕到年長都有，而唐寧也做了許多新嘗試來開發新的喝茶族群，但是，從不為了銷售而隨波逐流推出新茶款，因為堅守品牌價值是唐寧家族最重視的。每每在做新嘗試時，調茶師們想的不是譁眾取寵的茶款，而是先仔細想過人們為什麼要喝茶？用什麼想法選擇茶葉的？真實回到喝茶的初衷時，就會發現很多人喝茶並不是為了跟隨流行，而是希望身體感到舒適放鬆、回歸自我，史蒂芬強調這點非常重要。

也因此，每當研發新茶款系列時，往往會帶入人們的需求，比方：加了薰衣草的茶可以助眠，含有薄荷或洋甘菊的茶則能幫助消化，而有些人只能喝低咖啡因的茶就會選擇花果茶系列…等。即便已經出過許多人氣居高不下的茶款，但研發團隊認為茶葉還蘊藏了許多未知的秘密值得探索，所以仍孜孜不倦地尋找更多材料、思考配方，期待讓客人在唐寧能買到健康又風味獨特的茶款。

在英國，有超過一半的家庭固定會買茶，為了提供難忘的風味給這些挑剔、有品味的愛茶人士們，特地找尋高品質的原料、研發有特色的風味茶款，進而創造出更多消費者會喜歡的新口味，這直接促進了優質茶類的市場交易，像是散裝原葉茶、花果茶和網格金字塔袋茶的精進，到目前為止都深受喝茶者的歡迎。

除了仔細體察喝茶者的需求與習慣，訓練更多新一代的調茶師也是首當要務。為了讓自家茶款品質一致，專業調茶師必須時時精進自己並保有五感的敏銳度，他們肩負著維持每種現有茶款的一致性，因為即使是同一個茶區茶葉的成份和等級，也會

因產季不同而有濃淡差異。

在唐寧總部的資深調茶師們，得把每一批進到工廠的茶葉調配出跟當初設計一樣的風味，才能正式進入生產線，是品質控制不可或缺的重要角色。現在唐寧茶持續生產已經超過600種，每款茶都有自己專屬的編碼，包含風味、尺寸、等級、茶湯色澤⋯等，正因為對於分級分類的細緻與講究，才能研發出有廣度與深度的多種系列茶款。

相較於英國人喝茶的保守簡單，亞洲則是不可限量的新興市場，喝茶族群的接受度大，年輕人積極嘗試混合新風味的調味茶，像異國風情薑芒綠茶（Exotic Mango & Ginger Green Tea）就很受歡迎，也因此，專業調茶師們積極研究國情及生活飲食習慣的差異，慢慢發展出不同口味的調味茶。

即使橫越數百年時空，直到現今喝茶仍是生活的主流，只是更加親民了。在以前，茶葉是王宮貴族炫耀財富的象徵，後來慢慢普及延伸到尋常百姓家，成為大家生活不可或缺的必需品。也因為這樣，讓茶有了無限變化的喝法，無論是散茶或茶包、用全套茶壺茶具或馬克杯都能喝茶、熱飲或冷泡茶各有所愛；除了單純喝茶，還能添加水果、香草、牛奶或調酒，代表了茶的飲用方式和品嚐場合都有無限可能性。

生活中無所不在的喝茶哲學

史蒂芬一天要喝6至9杯茶，平日生活裡的任何時刻都能來上一杯茶，沒有任何設限，這也是他想分享給所有愛茶人士的個人習慣。早上需要清醒的時刻，他會選提神的英倫早餐茶，中午選擇佛手柑香氣的皇家伯爵茶搭配午餐，睡前則是幫助放鬆的沁心薄荷茶。或是根據天氣，也能選擇不同的茶款，熱天時會選綠茶或檸檬茶讓心情舒爽，天冷則改喝暖心的紅茶或薑茶。

他認為，喝茶風格是自己決定的，無論隨興或正式都好。他並不推薦大家一定要喝什麼茶，因為每個人的口感都是獨一無二的，完全可以依照當天的氣氛、心情或地點決定，重點是掌握幾個原則，就能喝到好的風味。

泡茶之前，先使用新鮮的水開始煮，待水煮沸就關掉，以免煮過久會讓水中的氧氣消散到空氣中，而讓氧氣越來越少。接下來，掌握水溫、水量和時間，這三個關鍵會影響到茶味的呈現。為了讓愛茶人士能更輕鬆泡茶，在唐寧的茶盒、茶包包裝上都印有簡單圖示與文字貼心說明，為讓飲用者隨時隨地就能簡單沖泡。

關於沖茶的水溫，必須對應合適的溫度。泡綠茶是80°C，白茶是85-90°C，紅茶和花果茶是95-100°C，讓足夠的溫度釋放茶葉香氣；但又不能太高溫，以免釋放過多的單寧酸和咖啡因，而造成茶湯過澀。

水量的掌握，一人一杯茶大約350-400ml的水量搭上2茶匙茶葉，浸泡時間約4至5分鐘，過程中不需要攪動茶包或茶壺裡的茶葉，讓茶葉自然而然地釋放香氣，這樣就能享用一杯風味完美的好茶了！

對於茶趨勢的觀察，史蒂芬認為，今日社會的人們不像以前的生活耗費體力、勞動工作多，但腦部和心靈的消耗與壓力卻越來越大，因應時代需求，人們可能想追求清爽香氣或溫柔風味，藉此療癒腦部和心靈，對於濃烈強勁茶味的需求會慢慢減少。他認為，健康、減輕身體壓力的綠茶或花果茶，或許是年輕消費族群喜歡的新方向，並且會從中衍生出一種新的生活風格。

身為唐寧的第十代傳人，史蒂芬不僅要守護著茶品既有的美好傳統，對於未來的開展，更具有細膩的思量與想法，期望大家能開心地喝茶、輕鬆地品茶，跟著唐寧發掘更多美好的茶風味。

Visit Twinings Tea Museum

拜訪唐寧倫敦創始店
216 Strand Shop

1706年起，216 Strand Shop屹立在倫敦最熱鬧的街頭至今已逾三世紀，深受當地愛茶人士們的信賴，也是外國遊客必訪的茶葉博物館。推開216 Strand Shop的大門前，抬頭能望見TWININGS閃閃發亮的英文字樣，表示歷代家族齊心協力撐起唐寧品牌；中間優雅的獅子像代表著曾是日不落帝國的英國；上方身穿藍色和黃色清朝服裝的兩個人，是和英國最早開始茶葉交易的中國人，而獅子下方的圖案則是英國皇室御用品伊莉莎白女王認證徽章。

百年茶舖的歷史氛圍

走入店裡，典雅高貴的空間讓人目不轉睛，迎面而來的狹長走道兩側是歷史悠久的成排胡桃木櫃，每座櫃子擺放了不同的散茶、茶包，以及茶款說明，也有實品提供客人感受茶香。走到店內的後半部，空間立刻開闊起來，收納擺放了高雅的泡茶器具，不只是販售，店舖內的服務人員還會教顧客們如何泡出最美味的茶湯，這裡也安排了專屬的品茶區和大師品茶課的座位。

Chapter 1　唐寧茶橫越三世紀的茗飲風華

店舖盡頭的區域則是唐寧品牌的茶葉博物館，高櫃中整齊陳列自300多年前開始就保存收藏的文物，包括各時代茶葉包裝的演變、手繪的廣告海報、精緻耐看的茶罐、有鑰匙的茶盒等，還有維多利亞女王特頒的御用許可認證，每項物品都見證了該時期的風華歷程。

滿足各種選茶喝茶學習茶的想望

216 Strand Shop店內販售了400多種來自世界各地的茶葉和混茶，種類不勝枚舉，更有官網或其他分店買不到的罕見珍貴手工茶葉。唐寧提供的不只是多樣化的茶款選擇，更希望以茶為情感媒介、與人們互動交流，打造可以學習茶葉知識的絕佳場域，同時滿足所有喝茶人士的需求。

若面對琳瑯滿目的茶款而不知從何選起，專業且熱忱的服務人員會親切地協助，根據客人的喝茶需求提出適當的選茶建議。客人挑選好喜愛的手工茶葉之後，服務人員會在品茶區現場沖泡讓客人試飲，在茶香時光裡，聽聽服務人員說明該茶葉產地故事、茶款特色，用五感全面地感受茶味茶香。

品茶區也隨時提供新上市的茶款給客人們享用，藉由這樣的方式推廣，一來讓大眾認識不同茶款的風味，二來客人對於新茶款可能產生的猶豫與疑惑也能減少，進而拓展新的品茶經驗。服務人員也會示範茶具的正確使用方式，提醒不同茶款適合什麼樣程度的水溫，分享如何沖泡出最對味的茶湯。

在216 Strand Shop裡，有一面特殊的牆，命名為「Pick & Mix」，深受客人們的喜愛。茶牆上的豪華木製盒中，仔細列出各種茶款的單片包裝，可以自由選擇喜歡的茶包組合成專屬的茶葉禮盒，滿足想一次購買多種不同口味嘗試但不想買整盒茶葉的人，同時也是送禮或想珍藏喜愛茶款時的好選擇。

倫敦唐寧茶舖裡才有的專屬服務

希望走進店舖的客人不只是買茶、喝茶，更可以實際感受茶品的差異性以及適合配搭的食物或點心，以及體驗經典英式下午茶的豐富內涵，所以店舖裡還設立了下午茶專區，只要事先預約就可享用精心準備的特製下午茶，可以一個人獨享靜謐恬適的茶飲氛圍，或與好友們渡過愜意的午茶時光。

對於想更加了解茶知識的客人們，還提供了大師品茶課程。熟稔茶葉知識的品牌大使分享他們的茶知識及調茶專業，同時在兩個小時的課程中能品嘗到6種不同茶款，包含了白茶、紅茶、花果茶、烏龍茶…等，帶領大家品飲認識這幾款茶的特色、產區風土、歷史文化起源，以及不同製程的茶在湯色、香氣、口感上有什麼樣的差異，並且也介紹英國的喝茶文化…等，是能讓愛茶者收穫非常多的深度內容。

不僅如此，216 Strand Shop 還有一項令人驚喜的服務－專屬個人的客製調茶。品牌大使會依照客人的喜好、特色，幫客人調配出專屬於個人風味的夢幻茶飲。通常，在調配前，品牌大使透過輕鬆聊天交談先了解客人的生活喜好與需求，例如：婚禮、孩子誕生、生命裡值得紀念的事…等，進一步引導客人聯想尋找出自己喜歡的味道，再依此調配設計出獨一無二的茶款，再將資料保存在店內建檔，為客人記錄下每個與茶有關的重要時刻。

Visit Twinings Tea Museum

客製茶服務——
Earl Grey Tea 與 Lady Grey Tea

兩款唐寧經典茶款由來

1830年，英國首相格雷二世伯爵（Earl Grey）曾收到一份珍貴的茶葉贈禮——祁門紅茶，格雷伯爵非常喜歡這款茶的風味，特別請唐寧為他調配一款類似風味的茶。在研究調配過程中，調茶師發現倫敦的硬水會造成紅茶澀味過重，靈機一動在茶款中添加了佛手柑精油，讓人印象深刻的迷人果香茶香的確讓格雷伯爵十分滿意。唐寧就以格雷伯爵（Earl Grey Tea）的名字來命名，歷經幾世紀後，至今仍是許多人熟知的經典茶款。

而另一款仕女伯爵茶，則以伯爵夫人瑪麗・伊莉莎白・格雷（Mary Elizabeth Grey）的優雅女性意象來設計發想，同樣以紅茶為基底，但將佛手柑精油減量、多添了檸檬、柑橘果皮以增加多層次果香，塑造出溫柔甜美的香氣，唐寧將之命名為仕女伯爵茶（Lady Grey Tea），90年代上市後受到許多女士的喜愛，之後並以此發展一系列產品，皆在國際市場上獲得好評。

TWININGS™
OF LONDON
Earl Grey
Tea
SINCE 1706
NET WT 3.5 oz. 100 g

TWININGS

雖然精心設計出著名的Earl Grey Tea，但在當時並沒有專利或版權的法律可以保護唐寧，所以當唐寧推出伯爵茶時，特別熱銷的結果卻讓其他商人也開始販售伯爵茶為名的產品。但是，只有唐寧販售的伯爵茶有格雷伯爵的簽名認證，一直到現在，店裡賣的仍是當初調給格雷伯爵一模一樣的特有配方。

1980年，唐寧推出新感覺的伯爵茶系列，是變化了配方與香氣，分別把薰衣草、茉莉、繁花…等添加進伯爵茶中。這樣的全新嘗試，讓唐寧的許多熟客紛紛反映他們非常喜歡，甚至可以整天都喝伯爵茶。每個人在不同的身體狀態或時間，可以選擇不同風味的伯爵茶做品飲；不只是熱泡，在天氣熱的時候，還能做成沁涼舒心的伯爵冰茶品嘗。因此，唐寧也推出了更多仕女伯爵茶，至今仍受到女性大眾們的高度喜愛。

More to Know
跨界合作的客製茶服務！

除了一般大眾的客製茶服務以外，唐寧也為不同企業、團體設計專屬的紀念茶款。例如：曾經和美國迪士尼樂園合作過，當時調茶師們特別事先研究了迪士尼的特色、美國本土喝茶的習慣，列出十幾款茶一一嘗試，最後選出一個基底茶搭配不同材料，包含了芒果、草莓等果乾，經過多次試茶，終於調配出有著迪士尼形象的特別茶款，這樣的企業客製茶服務也是唐寧的特色之一。

Contemporary Art of Tea

當代茶飲的時尚演繹

以往下午茶的印象,大多讓人聯想到貴族們以及上流社會人士,優雅地喝茶配上甜鹹點心,並且品飲不同茶款。但如今,下午茶已成為稀鬆平常的生活樂趣,一般大眾都能享用,進而衍生出各種形式,並不是只有下午能喝茶了,場域更是不限。現今發展出很多變化的下午茶,既特別又有個性,TWININGS 首創在華山的 Pop-up Store 享受時尚午茶,在英國目前最具風格的午茶體驗有哪些呢?

TWININGS Pop-up Store @ Taiwan · 唐寧遊藝茶館 TEA SALON

台灣首創的唐寧快閃店,以一貫的工藝精神打造茶飲風尚的全感體驗,將藝術與英式午茶銜接,由台灣新銳原創藝術帶來的櫥窗展演,揭開藝術與茶飲的優雅序幕,自然融入華山綠蔭的英式戶外饗宴,從生活中的五感細細體驗唐寧時尚美學的主張。

台灣唐寧的Pop-up store,將藝術與英式午茶銜接打造優雅的全感體驗。

Gentlemen's afternoon tea · 充滿個性的「紳士下午茶」

只有女生喝下午茶嗎?在The Reform Social & Grill這間下午茶餐廳裡,就有著專屬男仕的下午茶。穿著西裝的英國帥氣仕紳們,除了品嚐三層下午茶,還有份量加大的甜點可享用,又或者夾入肉類的三明治配上老式風格的調酒、威士忌。

Mad Hatter's Tea party・少女們夢想的「童話下午茶」

「主題式下午茶」是深具女生喜歡的下午茶方式，在英國的Sanderson London這間餐廳，就以愛麗絲夢遊仙境的「瘋狂高帽下午茶」為主軸，發想出很有童話感的下午茶，桌上擺置了時鐘茶具、音樂盒糖罐、小香水玻璃瓶裡裝了茶葉…等，讓女孩們彷彿置身美麗故事情節裡。

Midnight cocktail afternoon tea・日落之後的「夜午茶」

在英國的Zetter Townhouse是有著復古擺設裝飾的下午茶館，店裡重現了古代貴族的奢華風情，還有一張一旦坐下就完全不想起來的古董沙發，倚著它慵懶地享受日落後的夜午茶。在這裡能喝到豐富茶款或調酒品項，搭配美味糕點和甜鹹點心。

Afternoon tea bus tour・坐享城市風景的「巴士下午茶」

曾被英倫媒體報導的「巴士下午茶」，可是到倫敦一定要嘗試的新體驗！穿著西裝的司機會接客人上車，坐在內裝紅色的可愛復古巴士裡，享用熱茶與三明治，還有迷人甜香的馬卡龍與杯子蛋糕，在移動路程中體驗不一樣的午茶時光。

TWININGS MASTER BLENDERS

Chapter 2

傳世風味!
唐寧調茶大師的專業與講究

Art of Blending

對於擁有三百年歷史的唐寧茶來說,
每位調茶師是每一款茶飲的魔術師,
掌握了茗茶風味的關鍵密碼,
年年可產製出百款的風味好茶。
調茶師的養成,除了需要專業知識的累積與天賦異稟外,
必須對茶葉保有永無止境的好奇與探索。

Tea Blending Craftsmanship

英國皇家認證的專業調茶

三萬筆精細編碼的茶葉資料

唐寧的調茶技術已有300多年的歷史，用來調配的原料遍及世界各地。唐寧的茶葉採購師會透過三種方式買茶，第一種方式是直接跟茶農買茶，有些茶農世代合作甚至長達百年之久；第二種是透過拍賣購買，採購師必須飛到當地市場，例如：斯里蘭卡的可倫坡、印度的加爾各答，烏干達的坎帕拉……等茶葉產地，在當地拍賣會進行採購；第三種是和固定配合的茶商購買，茶商都是經過長時間的合作，彼此互信，能清楚了解唐寧對於茶葉嚴謹的要求。對所有與唐寧合作的茶農、茶商來說，也因此相當重視每批茶的品質；畢竟能夠和三百多年的品牌合作，對於他們說，無疑也是一種商業信譽的肯定。

為了讓品質恆定良好，唐寧嚴謹地將自家進貨的每一款茶葉精確編碼。編碼代表了此款茶的特性，包含了口味、色澤、尺寸、等級這四部分，有了詳細的資訊才能提供和前次相同品質的新茶。

唐寧一直以來都沒有自己的茶園，這是因為考慮到每一年的氣候、濕度、溫度、降雨量、迎風面的強弱、土壤肥沃度以及酸鹼度……等各種主客觀條件的變化，會讓茶葉風味品質也有所改變。如果有了固定的茶園，就無法挑選最理想的茶葉品質，

在唐寧總部,每一款茶都有自己的編碼,以紀錄與辨認風味。

Chapter 2 傳世風味!唐寧調茶大師的專業與講究

為了調配出最優質的茶款,採購師就必須兼負重任,到世界各地尋找優質的茶葉。

在唐寧的茶款資料庫裡,保存了超過3萬種來自世界各地的茶葉。雖然每一罐的產地產期都不一樣,但專業的調茶師卻單靠茶葉外形、顏色、香氣就能說出是什麼產期和哪裡的茶,這不但顯現了調茶師自身的功力和經驗傳承,也反映了唐寧三百多年來細心累積的珍貴資源。

從品茶師到調茶師的養成

專業調茶師往往需要具有過人的記憶力、熱情的學習態度、豐厚的知識和無限創造力……等這幾項特質，才能應付與茶有關的所有變因。訓練初期，得先經過5年品茶師與茶葉採購師的訓練，同時必須外派到世界各地茶園培訓，包括印度、斯里蘭卡、印尼……等，在這過程中習得茶葉的專業知識，並熟稔不同茶種的屬性。

在品茶師訓練時，得常常進行盲測，完全依賴嗅覺和味覺，專心理解、記憶每款茶的滋味，並從外觀及手感辨識茶葉種類等，每項基礎訓練都必須相當扎實。

從品茶師成為調茶師之後，為了保持味蕾的敏銳度，每天至少要刷兩至三次牙，還要避免食用蒜頭、辣椒、巧克力等濃烈的食物，才能讓味覺時時保持在最敏銳的狀態。晉升為資深調茶師之前，還要經過至少8年的訓練，工作內容包含了「調配」和「調味」。所謂的「調配」，是將不同產地、茶園的茶葉按照比例混合，以維持基礎茶韻的穩定性；「調味」是加入水果、花瓣、香料…等，為茶飲添加不同風味。

茶是極其複雜、敏感的農作物，任何變因都會讓茶韻茶香變得不同，即使來自同產地的同種茶葉，泡出來的茶可能有20-80種不同口感。資深調茶師會仔細地把每款茶葉樣本建檔和評比，以便調茶時選用最合適的茶葉，確保現有茶款風味與品質的一致性。

調茶師也必須常造訪不同產茶區，了解當地緯度、海拔、氣候、土壤、茶樹品種、樹齡、種植、採摘方式、茶葉尺寸等，再採買上百種樣本，帶回實驗室調配測試。唐寧總部目前有9位資深調茶師，他們會隨時掌握季節感及各地市場顧客取向，一年開發出100種以上的獨家調茶配方，一一確認品質穩定後才能大量生產。

品茶師成為調茶師之後,為了保持味蕾的敏銳度,每天至少要刷兩至三次牙,還要避免食用蒜頭、辣椒、巧克力等濃烈的食物,才能讓味覺時時保持在最敏銳的狀態。

Chapter 2 傳世風味!唐寧調茶大師的專業與講究

「調配」與「調味」的學問

每一位唐寧總部的調茶師,都擁有調配和調味的專業技術。這兩項技術影響了茶飲的味道、香氣與顏色,如果能拿捏好這三個項目的平衡,就能成就一杯美味的好茶。

味道:分成澀味、甜味、苦味的平衡;澀味還可細分成輕度、中度、強度、刺激性和厚重⋯等。

香氣:縈繞在口腔和鼻腔的清爽感覺,判斷茶葉泡開後的香氣種類以及強弱度。香氣種類包含了花香、水果香、青草香、新鮮氣味、落葉香、煙燻香等。

茶色:指的是茶色透明度以及濃淡明暗。是鮮豔瑰麗的顏色,或是金黃色、橘紅色或紅褐色等。

進行調配時,得先清楚判別茶葉的乾燥度是否足夠。另外,調茶實驗室必須視野開闊,有大面窗戶、自然採光充足,牆壁或天花板選用白色的,地板也要保持乾燥,室內溫度維持20-25℃,濕度為70-75%的絕佳狀態。

一般來說,調茶師通常會按當天要討論的主題,調配出類似的茶款。先了解茶的特性,再將茶葉擺成一整排,首先用手觸摸茶葉,確認乾燥得是否均勻、外觀是否乾淨、有沒有纖維或灰塵參雜在裡面;再浸泡茶葉,確認香氣有沒有鮮度。通常,調茶師習慣將味道淡的紅茶加入味道強烈的紅茶,茶色淺的紅茶加入茶色深的紅茶,或是針對香氣特性加強,加入具有獨特香氣的紅茶做調配。

Chapter 2 傳世風味！唐寧調茶大師的專業與講究

51

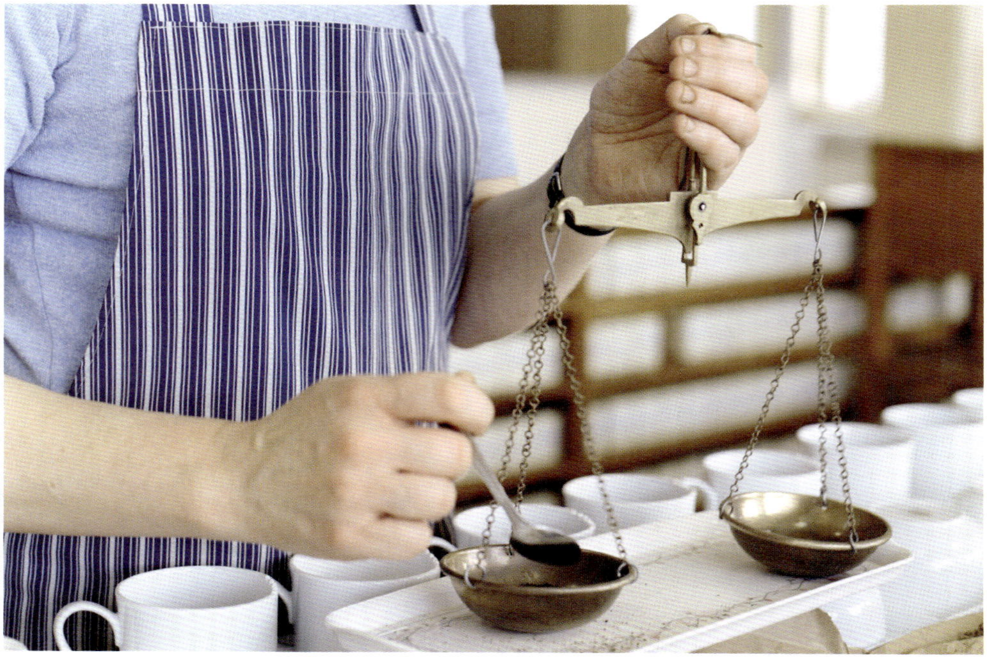

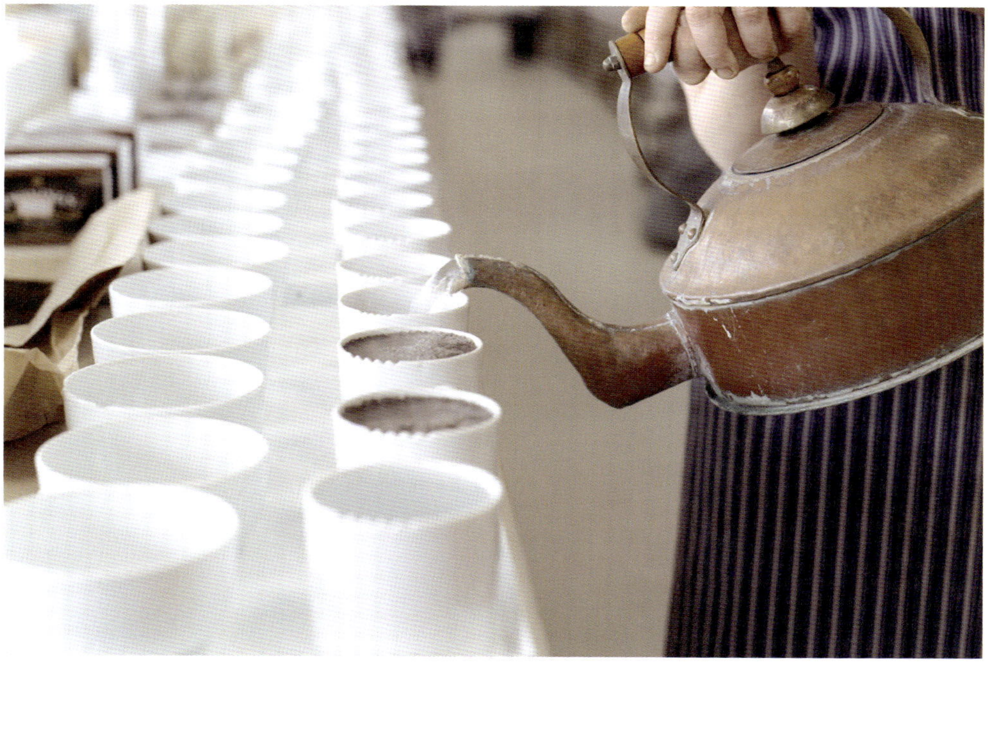

調茶師在品茶時,通常會先觀察茶色,接著讓鼻子靠近茶湯,用鼻孔吸入茶湯表面的空氣判別其香氣,然後大力啜吸後馬上吐出,接著再試下一款茶湯。

Chapter 2　傳世風味!唐寧調茶大師的專業與講究

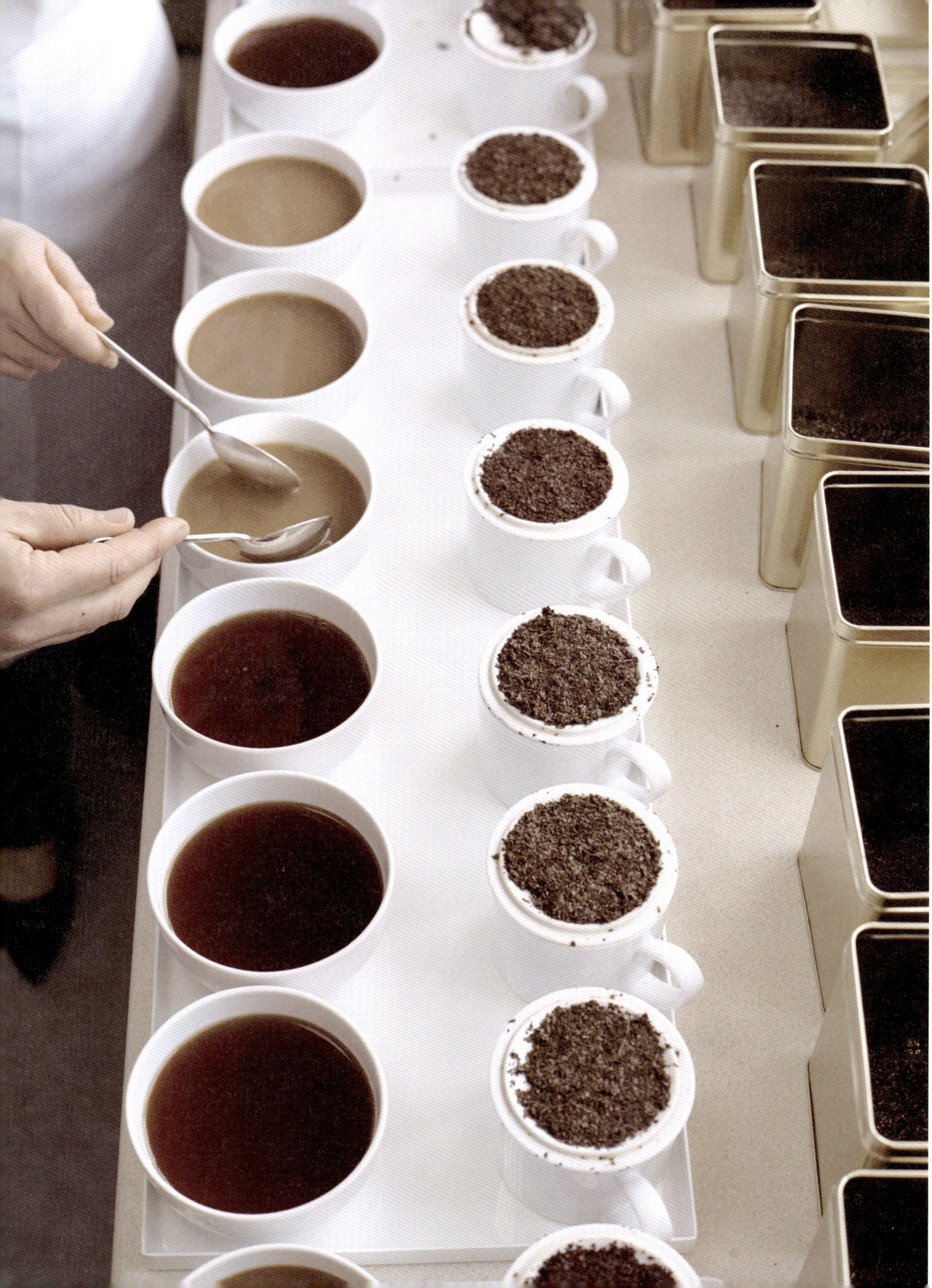

調配後,調茶師會浸泡茶葉,試飲茶的滋味,濃度標準是5g茶葉要能泡出240c.c.的茶,這與一般人在家泡茶的濃度並不相同,主要因為調茶師得藉此濃度進一步了解茶款風味。

試茶開始,桌上會放著一排泡好的紅茶和茶葉,調茶師先確認編號,看茶色,觸摸乾茶、濕茶,用湯匙舀起聞香氣,試喝嚐鮮度,最後做記錄,一輪過後,再加牛奶重喝一次,所有動作也重複一次;反覆品茶的過程是為了能正確分辨哪一款茶是符合所需要的等級及風味。

調茶師在品茶時,通常會先觀察茶色,接著讓鼻子靠近茶湯,用鼻孔吸入茶湯表面的空氣判別其香氣,然後大力啜吸後,馬上吐出。這是因為嘴巴裡都是味蕾細胞,大力啜吸能讓越多氧氣進到嘴裡,茶味才會更鮮明。在試茶的期間,一位調茶師一天至少要喝300至600杯以上的茶,每位調茶師會有一支刻上自己簽名的專屬湯匙試茶,這湯匙代表著調茶師專業的肯定與榮耀。

調配完成後,進行「調味」。因為茶葉本身很容易吸附其他味道,所以在茶中加入花和水果等原料混合,製作成獨特的「調茶」,唐寧最具代表性的是皇家伯爵茶。對於材料的取得,調茶師並不自我設限,無論是香草、香料、果乾等,都會盡可能嘗試,唯一要求是必須使用沒有受過汙染的材料。

More to Know
調茶師必須做到每批茶款質量零誤差
有時候因為保存或包裝運送時,茶葉可能會受潮或受熱而產生質變的可能,這也依賴調茶師的辨識,唯一的方法就是檢查再檢查,每種茶至少檢驗7次,確認達到穩定的品質才會生產。生產後,調茶師還會繼續檢查7至8次,確保同一款包裝出廠的茶款品質完全一致。

Master Blender-Philippa Thacker

唐寧首席調茶師
Philippa Thacker 的調茶哲學

有著精準味蕾的 Philippa Thacker 已經在唐寧工作 24 年，她曾在台灣的東海大學留學一年學習中文，唸書期間有台灣同學帶她品嚐烏龍茶和參觀在地茶廠，當年美好的體驗打開了視野，從此和茶有了深刻緣份，茶的千變萬幻滋味令她著迷不已。

製茶時的靈光乍現

Philippa 回英國後到唐寧公司應徵，即便天生具有獨到品味和細膩敏銳的感官，但她仍花了 8 年時間，接受品茶、採購、調茶的紮實訓練，才成為調茶師，也是唐寧第一位女性調茶師。直到現在，她依然愛茶，對於喝茶、調茶、談論茶，從未感到厭倦，反倒認為茶葉是一本豐富的百科全書，她盡情地研究、享受以及發揮技術和想像力，幫茶葉調配出最精彩的風味。

對 Philippa 而言，調配原則來自於市場需求，為應付流行趨勢的變化，得隨時調整配方。例如：鉑金系列的仕女伯爵茶（Orangery of Lady Grey）是眾多伯爵茶的一種，在設計這款茶時，是想給人輕盈的感覺，所以挑選的基底茶和調味元素，都要是茶味較不厚重的茶款，於是選了祁門紅茶，添加柑橘的清新芳香，於是也多了夏日的晴朗感受，看似簡單，但過程中其實嘗試超過 50 種不同材料的組合。

Chapter 2 傳世風味！唐寧調茶大師的專業與講究

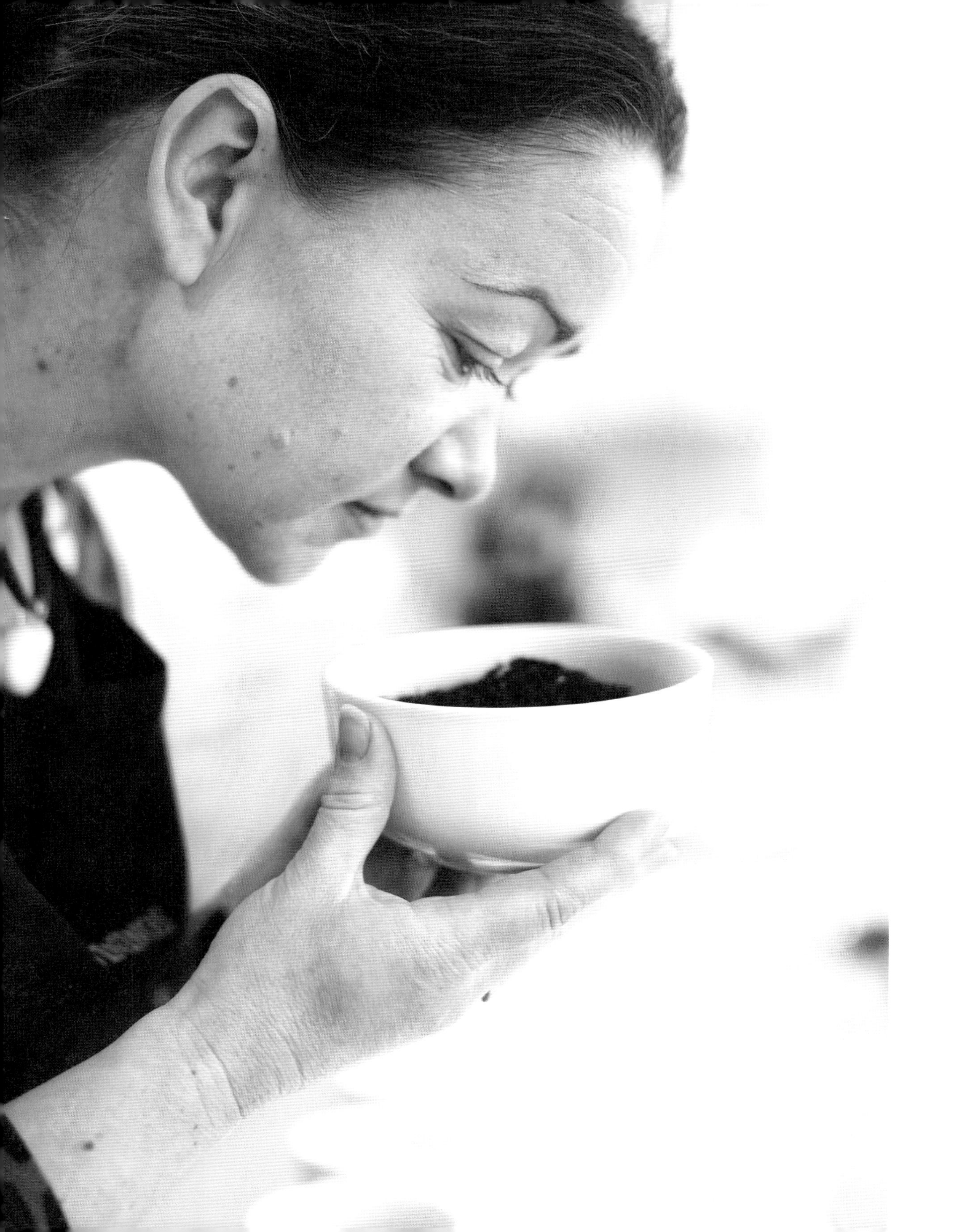

還有一例，是鉑金系列的夏戀花果綠茶（Summer Berry Green Tea），在綠茶的基調裡，調和了草莓、藍莓、矢車菊和金盞花的綜合體，成為豐富且多層次的花果茶。這是因為乾燥花果不僅能讓茶品美麗繽紛，花果的香氣還能增添許多風味，同時滿足了視覺及嗅覺的感受。

另外，添加許多乾燥水果的四紅果茶（Four Red Fruits Tea）則是一款莓果綜合茶，為了讓口味有層次，特別選用不同個性但彼此又能融合的莓果做搭配。Philippa特別提到，若添加越多元素，茶的味道會越複雜，要如何能達成完美平衡是最具挑戰的。這款本身氣味濃烈的紅茶，加了櫻桃，要如何讓櫻桃不過分突出而影響風味，她選擇了草莓、覆盆莓、櫻桃和黑醋栗，將這些風味素材調合比例，才讓這款紅茶有著多重果香但又不失平衡的美好呈現。

除了仕女伯爵茶、四果紅茶與夏戀花果綠茶外，Philippa也提到鉑金系列的其他款特別調茶，分享當初製茶時靈感來源和其中的小故事。

鉑金系列・薑芒綠茶狂想曲
（Platinum：Exotic Mango & Ginger Green Tea）

採用蒸氣特製的綠茶為基底，芒果則給人多汁的感覺，水果本身的鮮美讓這款茶不需加糖就有自然香甜，另外再加入薑的溫暖感。沖泡這款茶時，可以感受到綠茶的清新、芒果的濃醇、乾薑的微辛，茶色既清爽宜人又富含暖意，讓品飲者可以提振精神。

這款獨特口感的茶款曾獲得北美最具權威、媲美食品界的奧斯卡獎的加拿大創新產品大獎──「最佳創新產品獎」（The Canadian Grand Prix New Product Awards）。這款茶的靈感來自於Philippa曾在台灣留學的味覺體驗，激發她以東方味食材來調味，增加多元的異國風味。

鉑金系列‧胭脂莓果茶
(Platinum：Berry Blush Infusion)

這款是不含茶葉的花果茶，適合想喝無咖啡因茶品的人。胭脂莓果茶沖泡後的顏色會呈現紅寶石般美麗明亮的色澤，給人活潑、充滿生氣的視覺感受。乾燥山芙蓉和甜菜根釋放出美麗的紅色。甜菜根具有強烈的個性，本身帶點土壤味道，為了不讓土味蓋過其他味道，她試了20種以上的原料才找到解方；山芙蓉和玫瑰果帶有讓人振奮清新的酸味，搭配藍莓、覆盆莓、黑醋栗濃郁的莓果香氣和些許甜味，酸中微甜又濃厚的果香使這款茶冷飲或熱飲都合適。

大師茗作系列・爵品天藝伯爵茶
(Signature Blend: Earl Grey Citrus)

除了鉑金系列茶款，Philippa還分享了她最喜歡的作品，即是大膽重新演繹了唐寧經典的皇家伯爵茶，產製出「爵品天藝伯爵茶」，這款茶是目前在英國最受大眾喜愛的茶款。

唐寧皇家伯爵茶是英國格雷伯爵親自認證的傳世經典，這款伯爵茶最原始的配方是使用祁門紅茶。Philippa混合了祁門紅茶、錫蘭紅茶，並添加天然的佛手柑香氛精油，賦予了伯爵茶基礎的味道，再利用了葡萄柚的酸味來呼應佛手柑當中的柑橘氣息，使得茶香層次更加清爽新穎。無論是直接品嘗這款茶的原味，或搭配檸檬、牛奶調合，都呈現出不同的口感和香氣。

東西方的品茶習慣

西方人普遍喜歡味道偏厚的紅茶茶款，而且喜歡添加牛奶，以沖淡使用硬水沖泡紅茶而產生的澀味，但是這幾年的趨勢逐漸轉變，Philippa發現年輕人喜歡嘗試新味道，

也開始注重健康茶飲。不少嶄新風味的茶飲或對健康有益的飲品在網路或媒體報導後，年輕人用社群轉載分享，多元茶飲喝法快速成為新世代追求的風潮。像是深受女性喜歡的花果茶款系列，口味變化有更多驚喜；還有低咖啡因的伯爵茶也讓擔心咖啡因的人，開始嘗試喝茶；另外還有把東方元素帶入西方茶飲，就是在茶款中加入東方中藥材，如人蔘等，新世代愛茶人士對於新配方茶飲的接受度越來越高。

在東方國家，喝茶的歷史悠遠，對茶葉口味的接受度也高於西方，除了紅茶，還喝白茶、黃茶、青茶、綠茶、黑茶…等，所以，亞洲人早已習慣各種茶款。往昔，喝茶是取其療效，有著提神醒腦的食療效用，文人雅士泡茶喝茶，代表了人文氣質的蘊含；現今，茶飲則成了生活品質的象徵，喝茶的各種講究逐漸漸擴展，自成學門。

More to Know
抽屜式的包裝顯現時尚優雅品味

鉑金系列的茶盒包裝設計概念源自於收納茶葉用的抽屜茶櫃，通常茶櫃裡會放置原片茶，是調味茶的基底。精美的方盒包裝，更獲得英國DBA設計獎（Design Effectiveness Awards by DBA）。打開抽屜般拉出盒身，透過半透明茶袋，可看見匯集在茶袋裡的闊片葉形，更聞得到絲縷的茶香，整體包裝體現了時尚與優雅的風範。

對茶飲流行趨勢的觀察

有時看似衝突的味道，雖然對調茶師來說很挑戰，但是就因為這樣才能不斷的尋找新想法與素材組合，Philippa說在任何時間或地方都可能被啟發，產生新的靈感。例如：和香水調香師聊天時，聊到調香，談到玫瑰和茉莉，看似各自芬芳，但是調味之後才發現十分和諧，於是研發出新的茶款，在近幾年市場回饋的意見中，也能明顯看到花果茶擁有許多支持者。

而在研究流行趨勢上，調茶師會研究不同風土、文化族群的飲食取向等，用開放的態度接受一切，才有創新的可能性，調配出使人驚豔的茶款。就像廚師和食品商人一直在開發尋找新水果搭配食物，例如：非洲水果猢猻木果（Baobae fruit，又稱猴麵包果）目前在歐洲很受歡迎；在日本和韓國種植的香橙，香氣特殊濃烈也廣受歐洲人喜愛，這些都能提供日後茶款設計時豐富的素材。

人們總是喜歡一點點新事物，一些些不同的刺激，但又不能太過冒險，調茶師會在大家皆知的茶款中，試著添加一點新元素，帶出不同驚喜和風味。在新推出的SUPERBLENDS系列中，「Sleep」裡的西番蓮有鬆弛、鎮定神經的效果；「Focus」裡的人蔘可以舒緩疲勞，恢復元氣；「Calm」裡添加的菸鹼酸可幫助人體DNA合成，維護神經系統與循環系統的健康；「Glow」裡的生物素可增強頭髮、指甲和健康皮膚；這些新元素不但對身體有助益，仍有平日熟悉的花草香，也讓愛好健康茶飲的族群進而開始嘗試唐寧茶。

Philippa甚至認為不要被現在的產品限制了想像力，嘗試不同形式的食材元素的調配組合、也不一定要以傳統茶包方式呈現，什麼都可以討論實驗，最重要的還是唐寧最初的堅持，讓顧客買到「品質第一」的茶品。

Tea For Seasons

春夏秋冬四季選茶推薦

調茶師 Philippa 說,隨著季節更迭,茶款選擇應該也要隨著改變。春夏秋冬各有非常適合喝的茶款,四季都能享受唐寧茶相伴的茶飲時光。

春季:首選大吉嶺紅茶

乍暖還寒的初春,喝大吉嶺紅茶是首選,在朝氣十足,萬物生長的春天採收的新芽,製成了適合春天喝的紅茶,味道生氣蓬勃,充滿令人振奮的感覺。

度過嚴寒漫長的冬日後,按照時序來到春天,代表一切又會生意盎然的春夏新意開始滋長,可以品嘗洋溢著初春氣息的草莓芒果茶(Strawberry & Mango Infusion),也適合不喜歡咖啡因的人。

夏季:熱帶風情茶相伴

炎熱夏日裡特別想來一杯清爽茶品提振精神,這時熱帶風情茶(Peach & Passion

Chapter 2

TWININGS MASTER BLENDERS

Fruit Infusion）是最佳選擇，蜜桃的香甜加上百香果風味，讓人徜徉在豐富的果香盛宴裡，感受活潑動感的熱情活力。

還有一款，是帶有莓果香氣的胭脂莓果茶（Berry Blush Infusion）有著漂亮的紅寶石色澤的茶色，很適合用冷萃的方式，或沖泡後製成冰飲來享用。

秋季：用極品錫蘭茶適情

在秋意漸濃的天氣裡，極品錫蘭茶（Finest Ceylon Tea）是首選，來自斯里蘭卡的特選等級，完美呈現錫蘭白毫的特色與風情，有著溫順精緻的風味及澄透的色澤。

喜愛天然香草的人，則可嘗試香草菊蜜茶（Camomile Honey & Vanilla Infusion）的甘菊花瓣散發悠然的花香，與具有鎮定、安寧特質的香草豆香氣，融合後的味道柔順芳韻，有著閒適慵懶的情懷。

還有暖心的琥珀焦糖博士茶（Golden Caramel Rooibos），使用的茶葉來自於南非這塊金黃大地，帶有安慰人心的氣息，焦糖的香甜溫暖感受適合在清冷的天氣中享用，單喝或搭配牛奶都適合。

冬季：英倫早餐茶提神

萬物俱寂、需要療癒的冷冷天氣裡，英倫早餐茶（English Breakfast Tea）特別適合飲用，其口感較為紮實飽滿，味道稍微強勁，帶有阿薩姆的特殊麥香，喚醒沈睡的靈魂，英國人稱之為「Hug in a mug」（杯子裡的擁抱），濃郁口感也適合調配成奶茶。

還有爵品天藝伯爵茶（Signature Blend : Earl Grey Citrus），它混合了高級祁門紅茶和錫蘭紅茶兩款茶的特色，茶香帶出柑橘的香氣和葡萄柚的清爽，產生令人愉悅的感受，適合冬日需要提神的午後。

喜歡果香的人，異國香蘋茶（Apple, Cinnamon & Raisin Tea）則是另一種好選擇。蘋果、葡萄果乾和肉桂的絕配，呈現奇幻的異國風味，因為添加能促進血液循環的肉桂，風格更獨特，而蘋果和葡萄果乾自然的香味，在肉桂烘托下，更顯質感。

More to Know
剛開始嘗試唐寧茶的首選

對於初次想嘗試唐寧茶的人，調茶師Philippa有幾款非常推薦。包含了大吉嶺莊園雙氛茶（Two Seasons Darjeeling）、英倫早餐茶（English Breakfast Tea）、皇家伯爵茶（Earl Grey Tea）和仕女伯爵茶（Lady Grey Tea）都是很好的入門款。右圖是仕女伯爵茶（圖中）與皇家伯爵茶（圖下）。

Chapter 2 傳世風味！唐寧調茶大師的專業與講究

Major Tea Origins

認識世界知名產茶區及茶葉特色

印度──世界最大的紅茶生產國

大吉嶺（Darjeeling） 原為藏語，意思是雷聲轟隆作響的高地，位在西孟加拉邦北部海拔2300公尺的高山地區，雲霧濕氣和溫暖陽光反覆交替的氣候非常適合茶葉生長，因低溫生長較慢，能種出高雅香氣且風味濃厚的茶葉，有茶中香檳的美名。大吉嶺紅茶採傳統製茶法，以揉捻機揉捻茶葉後發酵，保留香味。大吉嶺各產季特性分明，分為首摘茶（First Flush）、次摘茶（Second Flush）、雨季茶和秋茶。

首摘茶帶有麝香葡萄香氣與花香，清爽的澀味，發酵度低，茶色呈淺橘色，葉大片而完整，產量少價格高昂。次摘茶圓潤豐富、纖細雅緻，湯色美麗，類似成熟果實般的馥郁芬芳，可以感受到強烈的紅茶香，茶色呈透明的橘紅色澤。唐寧只使用首摘茶和次摘茶兩種茶款，調茶師不斷的嘗試調和，讓這兩款茶呈現更完美的風味與餘韻。

若紅茶標榜單一茶園的單一品種茶葉，稱為「古典珍櫳茶」（Vintage）或「單一莊園茶」（Single Estate），屬於價格不菲的好茶，大吉嶺目前生產最多的就是古典珍櫳茶。

阿薩姆（Assam） 位於印度東北部的平原，茶園平坦廣闊，夾帶濕氣的季風受到喜馬拉雅山脈阻擋而沉降，形成大量降雨，布拉馬普特拉河河水豐沛，河面蒸發的水蒸氣使茶葉保持濕潤，造就阿薩姆茶獨特的澀味。

首摘茶茶香中帶有淡淡的麥芽香氣，茶色呈高透明度的橘紅色。次摘茶有著溫和的甜味和鮮明的口感，茶色呈橘紅色且帶有金色光圈。阿薩姆的香氣較弱，特別適合用來調茶及製作奶茶。

尼爾吉利（Nilgiri） 位於印度南端的高原，茶園廣闊、白天常起霧、氣溫偏低，7至8月是茗品季節，微帶甜蜜水果香，味道略顯輕盈淡雅是其特性，也適合調茶，加入水果、香草等。主要以CTC製茶法大量產茶。

斯里蘭卡──各產地獨具特色的錫蘭紅茶

汀普拉（Dimbula） 位於斯里蘭卡中央山脈，海拔高度1200至1600公尺的高山茶園。季節吹拂的1、2月是汀普拉的茗品季節，此時的茶有玫瑰花香和鮮明的澀味，其他時間也能產出品質穩定的茶葉，但味道較平淡，常用做調茶。

More to Know
適合調茶的CTC製茶法

所謂的「CTC製茶法」，指的是Crush碾碎、Tear撕裂、Curl捲曲，採用機器大量生產茶葉的方式，製作出外形呈圓形小顆粒狀的茶葉。這類形態的茶葉很適合調茶或是煮製奶茶。

烏巴（Uva） 位於面向孟加拉灣，海拔1400至1700公尺的山區。茗品季節為7至8月，該季降雨量少，生葉收穫量少，但品質相對提升，味道具有鮮明刺激的澀味，甜蜜的果香中又帶有薄荷的清爽香氣，湯色呈現美麗的橘紅色。

努沃勒埃利耶（Nuwara Eliya） 意指城市之光，位於斯里蘭卡中南部，海拔高度1800公尺的高原，氣候涼爽宜人，過去是英國人的度假勝地，因為日夜溫差大，造成茶葉中形成澀味的單寧酸增加，成為有強烈個性的茶葉，柑橘香氣中帶有淡淡的清新草香，湯色是淺橘色。

中國──迷倒英國人的東方神秘香氣

祁門（Keemun） 產自中國東部安徽省黃山附近，氣候溫暖，雨季長達200天，山區日夜溫差大，有著蜂蜜與蘭花的香氣，兼具鮮明清爽的澀味與甜味。為使香氣完整保留，採傳統製茶法製作，保留全葉形茶葉，又稱作「工夫茶」。特級祁門紅茶帶有淡淡的甜味和溫和的澀感，金毫含量多，茶色呈濃郁的紅色。高級祁門紅茶則帶淡淡的煙燻香的甜蜜發酵香氣，它與大吉嶺、烏巴紅茶並列為世界三大紅茶。

正山小種（Lapsang Souchong） 一款具有龍眼香氣的茶。因為種植正山小種的桐木村位於海拔超過1000公尺的山區，產地氣溫低，因此揉捻好的生葉發酵時會燃燒松木，以提高溫度，促使茶葉發酵，更增添了煙燻松木的香氣。茶湯味道有濃郁的煙燻香氣，餘韻帶有甜味，加入牛奶可使香氣變柔和。

雲南（Yunnan） 雲南紅茶又稱滇紅，產區位在海拔1000至2000公尺的山區，日夜溫差大、經常起霧，穩定的全年平均氣溫，非常適合種植紅茶，所以品質出色，茶澀味淡雅，甜味鮮明，帶有類似蜂蜜及烤地瓜般的甜蜜香氣，風味十足，湯色呈淺橘色。

台灣──世界知名且深邃優雅的手工茶

烏龍茶 半球型包種茶，屬於青茶的一種，是經過部分發酵的茶。好的烏龍茶得「綠葉鑲紅邊」，既有綠茶的鮮香濃郁，又有紅茶的甜醇，以南投鹿谷地區所產的凍頂烏龍茶起源為最早。

在清朝時的台茶，都屬於重發酵茶。在日治時期，日本人請來福建製茶師傅，在台灣改良製程和口味，現今的烏龍茶都屬於輕發酵或半發酵，在發酵過程中，進行炒菁，以停止發酵過程，之後又經過揉、搖等手法，使茶葉呈現捲曲狀。

台灣本島面積不大，但卻廣納了各種地形。北部多丘陵，像是坪林、龍潭、竹苗等地；中部多高山，如南投、嘉義，以及東部的鹿野等，加上氣候適宜，各地都盛產不同品種或做法的烏龍茶，茶農每一年都舉辦比賽，評選好茶。

在台灣茶中，凍頂烏龍茶算是很有特色的一款，它是中海拔生長的品種，屬中發酵、重焙火的茶品，茶呈金黃偏琥珀色且澄清明亮，熟香、果香或花香撲鼻，滋味圓滑甘潤，經久耐泡。

還有台灣特有、具有天然蜜香味的「東方美人茶」，大多產於新竹、峨嵋等地，因小綠葉蟬的叮咬，產生天然的蜜香，製茶後的茶葉白毫肥大，茶葉呈白、綠、黃、紅、褐五色相間，又稱五色茶，鮮豔如花朵。茶色為琥珀色、紅潤香醇。因為品質穩定良好，台灣的烏龍茶在英國也有相對知名度，由於產量少，只有在倫敦 Strand shop 裡才有銷售高山烏龍茶。

日月潭紅茶　日本人早在1925年就引進阿薩姆種茶樹，在日月潭成功培育並設立紅茶工廠，只是，因為當時的高山烏龍茶更有名氣，紅茶被忽視而沒落。1999年的921地震後，許多茶園受到震災而毀損，茶農接受茶葉改良廠的輔導，以生產高級紅茶為目的，轉種改良過的雜交茶種——台茶18號，正式命名為「紅玉」，有著類似肉桂香氣與淡淡薄荷香，還曾被日本紅茶專家譽為「台灣香」。茶農以傳統方式採摘台茶18號的一心二葉並製茶，大多製成全葉形茶葉，外觀呈黑中帶有光澤，茶飲清新而有韻味。

另一款台茶8號，帶有乾燥水果香及甜味，外觀是黑色帶有潤澤度，茶飲甜味鮮明具水果香，適合用來調茶。

印尼——味道純淨順口

主要生長在爪哇島（Java）西部海拔1500公尺以上的高原地區，因氣候和地形與斯里蘭卡相似，生產出的茶葉品質也與錫蘭茶相似。平穩的澀味與香氣，沒有強烈個性，茶色具清透感，呈清亮的橘紅色，適合製作調茶。爪哇島過去是僅次於印度和斯里蘭卡的大規模茶園，歷經二次大戰和獨立戰爭，茶園荒廢，直到近年來，經由大規模國營茶園經營，以及雅加達拍賣會的助瀾，又將生產的紅茶出口到世界各地。

肯亞——非洲紅茶的代表

20世紀初才開始種茶，茶園多興建在1500至2700公尺的高山地區，乾雨季分明，一整年都是可以採收生產的理想氣候，品茗季節在1至2月和7至9月，1960年後全面進入機械製茶，有豐富的勞動人口可以大量生產。肯亞紅茶沒有特殊個性，甜味中帶有淡淡清新味，適合製作調茶，雖澀味較淡，但茶色深濃，製作奶茶可以呈現美麗的奶油棕色。

日本──別具一格的風土特色

日本以綠茶為大宗，依照製作方法細分為煎茶，玉露、抹茶、焙茶、玄米茶、番茶、莖茶、粉茶等。煎茶採用的殺菁方法是蒸菁，通過蒸汽來殺青綠茶，製作過程中保留茶葉裡較多的葉綠素、蛋白質…等，含有較高濃度的咖啡因、兒茶素和維生素C。煎茶茶乾的顏色會比較深，因此泡出來的茶葉顏色更綠，帶有清爽的香氣以及甘味苦味的完美平衡。

以日本總產茶面積來說，煎茶的產茶面積第一名的是在靜岡縣，有40%，第2名的鹿兒島縣佔了20%，第3名為三重縣。靜岡縣氣候溫暖且日照時間較長，適合茶葉栽培，當地有著冷熱溫度差異大的山間地區與丘陵地，以及南側的平原地區皆有栽培，造就各產地獨有的茶葉風格。在茶葉製法上，山間地區以普通蒸製煎茶為主，平地或台地則以深蒸煎茶為主。

More to Know
紅茶的產製

不同品種的茶葉在製作過程中，會針對茶葉品質而調整製程，但一般而言，紅茶的產製仍都必須經過以下環節：

1. 採摘　影響茶葉品質的第一個關鍵步驟。最高品質的茶葉為以手工方式採摘茶樹的一個頂芽與兩片嫩葉。
2. 萎凋　將採摘下來的葉子，於室內均勻攤開靜置，讓茶葉的含水量慢慢減少、葉片軟化。
3. 揉捻　將茶葉放入揉捻機壓揉，讓茶葉的汁液流出沾附於芽葉表面，以利於沖泡時茶風味的釋出。同時將結構經破壞後的茶葉，進行扭轉和塑型。
4. 發酵　將揉捻好的茶葉堆置，讓茶本身的酵素與空氣接觸產生氧化作用，氧化後的葉片會從綠色逐漸轉變成紅銅／黑色。
5. 乾燥　利用溫度烘乾茶葉來停止氧化作用並降低含水量至3%以下，以保持茶葉品質與風味。

TWININGS GRAND PRIX

Chapter
3

專屬於唐寧的調飲美學

TWININGS GRAND PRIX

唐寧，淬鍊超過三世紀的歷史傳承，
蘊含精益求精的現代調茶工藝，
每年邀請世界知名的調飲界大師、
台灣的精英調飲師們共襄盛舉，
激盪出茶飲新穎又時尚的全新面貌，
創作一杯杯宛如藝術般的絢麗作品，
是前所未有的魅力饗宴。

Mixologist-Luca Cinalli

世界級調飲大師的調茶美學

從古至今，茶與酒，始終各領風騷，自成天地。然而，在英國，用茶做成類似雞尾酒的調飲，早已蔚為時尚。當擁有300年歷史的唐寧茶，與世界調飲大師Luca Cinalli 相遇激盪，讓百年茶飲有了全新姿態，並且帶起世界上最新最時尚的飲品趨勢，讓飲者擁有嶄新的品茶體驗。

Luca Cinalli 是世界知名的調飲大師，但更精確地說，他是調飲的科學家、調飲的藝術家，有著美感、手藝、天生味覺⋯等。對於久居倫敦、原本就很熟悉唐寧茶的Luca 來說，喝唐寧茶早已是生活的一部分。Luca特別景仰唐寧歷史悠長且深厚的拼配工藝，從經典茶款到口味新穎的鉑金精品茶⋯等，口味變化極其豐富迷人，能讓專業調飲師充分發揮所長，在Mocktail（以茶為基底的無酒精調飲）調飲上做出更多有深度與各種變化的運用。

調飲大師的基底茶選擇

大師Luca認為，調飲是單純且直接的感官刺激，在調茶之初，宜盡量多喝不同的茶，用最簡單的味覺去品嘗茶的不同風味，再廣納食材元素來凸顯茶款特色，避免

Chapter 3　專屬於唐寧的調飲美學

造成味道上的衝突。細心的Luca調茶時常常運用冰沙、雪酪⋯等，來代替會沖淡茶滋味的冰塊，藉此增加更多味覺觸覺感受，當冰沙慢慢溶化時，會與調茶融合，因而產生不同層次的風味及香氣。

關於基底茶款的選擇，Luca提到，純粹的、風味特質強烈的茶葉會是他的首選。例如：大吉嶺茶（Darjeeling）帶有濃厚香氣，個性分明。又如薑芒綠茶狂想曲（Exotic Mango & Ginger Green Tea），以綠茶為基底，兼有芒果強烈的香甜氣息，搭配微辣的薑，像這種本身具有2-3種強烈元素的茶款，比較容易發揮在調飲上。

而甘菊花茶這類滋味較淡雅的茶，雖然在調茶時容易被其他元素影響，或被覆蓋原有風味，但不代表完全不能使用。Luca刻意選擇挑戰「晨光草原甘菊花茶」設計了一款調飲。因品飲者的五感敏銳度不同，他說調茶時仍保留原始風味，但添加了能凸顯本質的不同元素，維持整體味道的平衡，入口時即有驚艷之感，卻又能嚐到甘菊茶的清爽。

Luca在唐寧茶600多種茶款中，特選「鉑金系列」為調製基底，設計了多款Mocktail，並仔細確認過每個茶款特色、文化背景、容器裝盛、呈現方式⋯等，謹慎且認真地做出吸睛度破表的大師級調飲作品。

More to Know
調飲大師的五感美學

凡事思考細緻到位的Luca，對於倫敦店內所提供的設備、裝潢、品飲體驗都十分要求，用心讓客人在視覺，聽覺、味覺、嗅覺和觸覺等五感中，都能擁有全新的感官刺激與感受，同時貼近並滿足客人的需要，留下深刻的體驗。

Chapter 3

TWININGS GRAND PRIX

世界級調飲大師的創意茶譜

Luca詮釋唐寧調飲茶譜時,在概念的發想上,將調飲主題與都市時尚流行相互對應,書中介紹的前3款創作發想來自於歐洲三大時尚之都:倫敦、巴黎和米蘭。後4款作品則以著名時尚之都舉辦的服裝秀Fashin Runway為創作概念,研發出創意超凡、充滿意境的調茶作品。Luca用他的方式完美演繹出深具美學高度、獨特性的調飲,將茶飲推向了藝術巔峰。

More to Know
集聚美感、天份於一身的世界調飲大師

Luca Cinalli是享譽國際的調飲大師。1984年出身於義大利中部東岸的小鎮,對於餐飲很有興趣,很早就離鄉背井求學。天賦超群加上對自己要求甚高的他,擁有釀酒師、調酒師、咖啡師、冰雕師…等各項證照。早期,曾主理過知名酒吧──Night Jar,創造了在美國禁酒時期(1920-1932)的Speakeasy(地下酒吧)風格,在倫敦聲名大噪。而後接掌經營Oriole Bar時,在原本Speakeasy復古風中融合了新的殖民色彩及濃厚的熱帶風情,Oriole Bar成為世界知名的特色酒吧。

經營酒吧,開啟了與調飲間深刻的緣份;善用自己獨特的天份持續鑽研調飲的各種可能性,極其熱衷於到世界各國研究獨特食材、容器,以及研究調飲與食物搭配;獨樹一格的絕佳美感在歷屆酒吧評選中獲得佳績,讓Luca躍升成為高度盛名的世界級調飲大師,擁有指標性的專業地位。

英國霧都謎情
Windsor

概念　源自於「英國最美麗的花園」溫莎公園（Windsor Park），這款調飲精彩呈現「花園豐富華麗的元素」。

使用茶款　鉑金系列・Summer Berry Green Tea 唐寧夏戀花果綠茶
採用蒸氣特製的綠茶為基底，再搭配草莓與藍莓等色彩鮮豔、甜嫩多汁的水果，最後以金盞花和矢車菊花瓣點綴提味，渲染成既纖巧又濃郁、既飄忽又回韻的芳馨香氣，彷彿乘風飛翔到世外桃源徜徉！

調飲創意　倫敦是座種族融和的城市，運用複雜的元素來呈現倫敦氛圍，讓調飲風味平衡但層次豐富。夏戀花果綠茶有莓果香，還有甜點般的光滑細膩感。

以通寧水代替酒精，加糖漿（Tonic mess），另選擇泰莓（Tayberry，1980年代混種成功種植在蘇格蘭、北法的新品種莓果，介於蔓越梅和藍莓的綜合體）。再加入米醋，為了去除米醋裡的酒精，先把米醋蒸餾後混入加了糖漿的通寧水、各種莓果和檸檬汁，檸檬汁新鮮強烈的香氣和酸味更增添莓果風味，最後混合取材以伊頓公學為名的甜點 Eton mess 的碎蛋白霜。

容器靈感　霧都倫敦，大笨鐘是地標。在沙漏計時器般的透明圓形玻璃容器底部注入調茶。同時運用養蜂人家採蜜時的煙燻法，用噴槍炙燒英倫早餐茶的茶葉和蜂蜜，萃取出特殊香氣及煙燻味到沙漏上方，再將沙漏倒放，讓調飲慢慢流下融入集聚的煙霧裡。

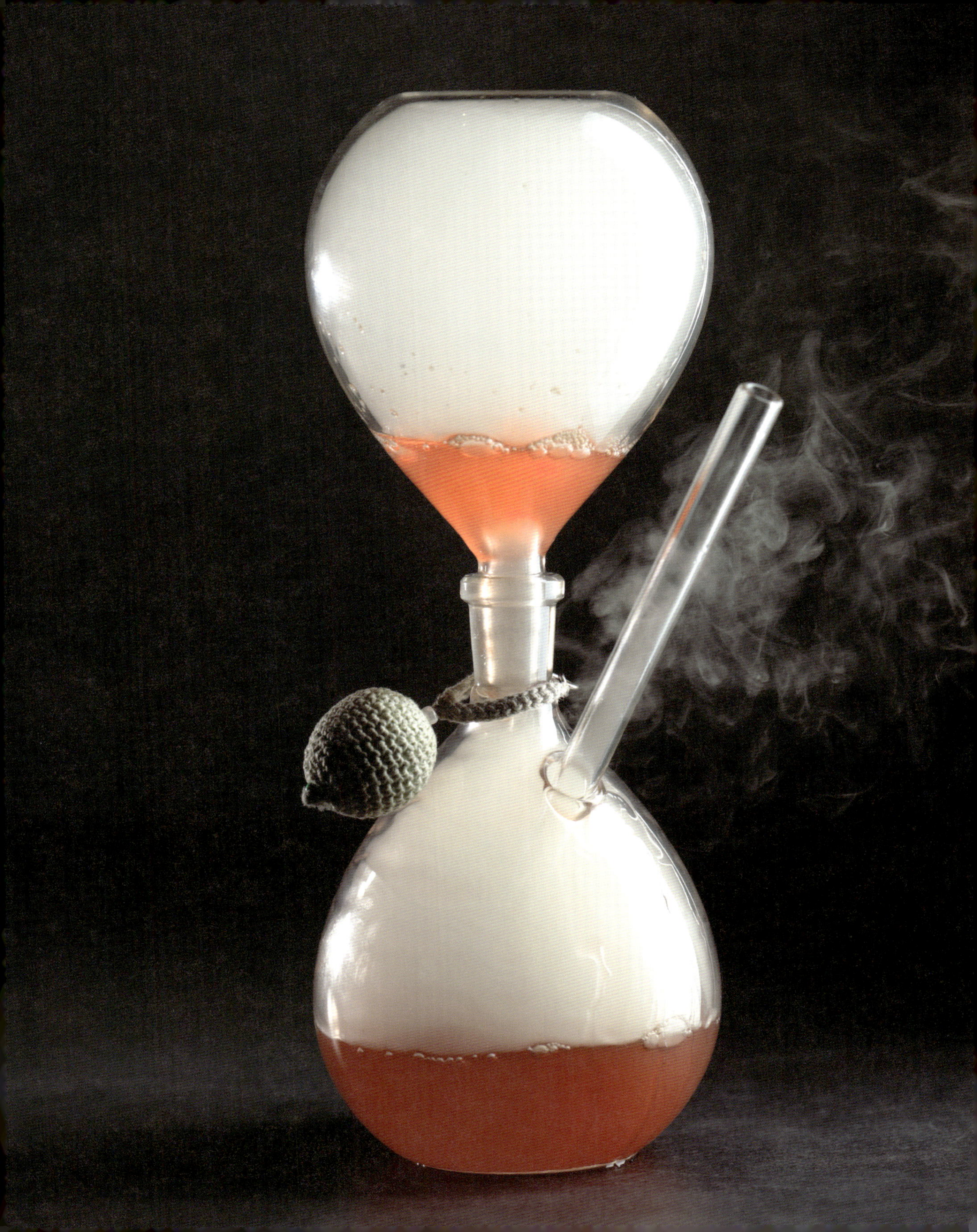

時尚巴黎結合亞洲風情
Ritz Paris

概念　天性優雅的法國人，對於料理卻極度挑惕，於是這款茶，將呈現追求細膩味道的法國人特質。

使用茶款　鉑金系列・Berry Blush Infusion 唐寧胭脂莓果茶
以多種莓果拼配而成的胭脂莓果茶，帶有香甜的玫瑰果香氣；藍莓、覆盆莓和黑醋栗拼配成酸甜口感，並有著嬌美的山芙蓉，暈染出天然的玫瑰色澤，沖泡出淡雅明韻或濃豔旖旎，每一滴盡皆綻放果香愉悅。

調飲創意　選擇胭脂莓果茶為基底，玫瑰果的強烈酸味加上莓果甜味，融合調配後的香氣既特別又有層次。在食材選擇上，選用巴黎常見的溫桲凝醬（溫桲又名木梨，其長相如梨，金澄顏色似香黃瓜，肉質近似台灣土梨，嚼感如硬質芭樂，一經烹煮則果香花香湧出，大多做成派或果醬）混合溫蘋果汁，再使用接骨木糖漿增加香氣，加入檸檬草成為甜味來源。

容器靈感　取材巴黎羅浮宮玻璃金字塔造型，將容器倒放底部呈尖塔狀，巴西莓果雪酪放在尖塔底部，將調好的茶飲倒在上面，使兩者甜味與酸味慢慢釋放融合，增加豐富層次的味覺享受。另用真皮的皮帶纏繞托住金字塔底部，象徵舉世聞名的巴黎時裝秀，皮帶設計成有質感的深藍色，再搭配白磁材質的金字塔杯，清澈杯身以紅色乾燥甜菜根粉繪製精緻花紋圖騰，象徵法國國旗；而刻意將瓷器倒放，有如東方畫作中常見撐傘的仕女圖，傳達濃濃異國風情。

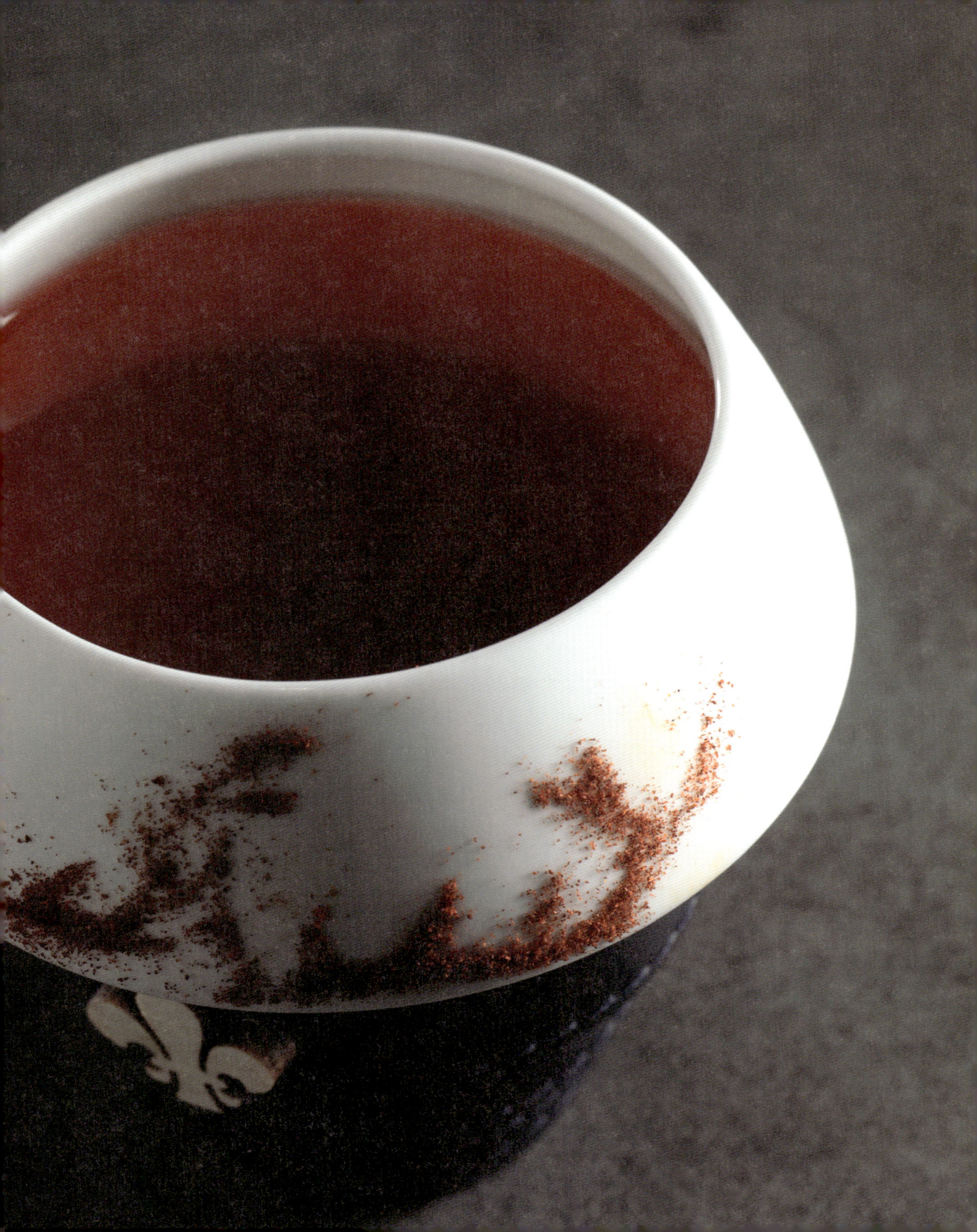

象徵女性配件與米蘭時尚
Ventura Lambrate

概念　以美麗繽紛的調飲外觀,表現出以觀光、時尚和建築聞名於世的米蘭。

使用茶款　鉑金系列・Budding Meadow Camomile 唐寧晨光草原甘菊花茶
唐寧調茶大師擷取甘菊自然甜蜜的香氣,創造美妙的滋味,這是一款為平靜遼闊氛圍而調配的完美花茶;芳馨的甘菊喚起了人們對夏季草原的想像,花香滿溢,彷彿陣陣撥弄草浪撫慰心靈的微風。

調飲創意　選擇晨光草原甘菊花茶為基底,因為這款茶的品質出色,雖然成分單純,但飲用時容易讓人聯想到蜂蜜、柑橘等不同風味,另選用帶有杏桃與蜜桃香味的食材相襯,營造春天氛圍。在泡好放涼的花茶裡,倒入澄清36個小時的西瓜汁,西瓜汁有著杏桃與蜜桃的香氣,只萃取上層部分使用,加入檸檬汁和桂花糖漿,讓酸與甜兩相融合,凸顯甘菊花茶的迷人風味,溫暖且富有青春氣息。

容器靈感　選用真皮的圓形束口袋當容器,觸覺柔軟的束口袋的皮表燙了唐寧英文字樣,底色是鮮黃色;女性品飲後,可帶回家當作皮包配件,是Luca的巧思,富有時尚感。Ventura Lambrate是米蘭最聚焦的時尚展區,聚集許多新銳設計師與年輕品牌,為濃厚文藝復興特質的米蘭,注入原創大膽的設計新潮流,代表青春活力的蔓延。束口袋上方點綴了薄荷葉、小雛菊、西瓜皮、莓果⋯等,運用淺黃、淡橘、蜜桃等輕盈活潑的色調,傳達年輕而朝氣的意象。

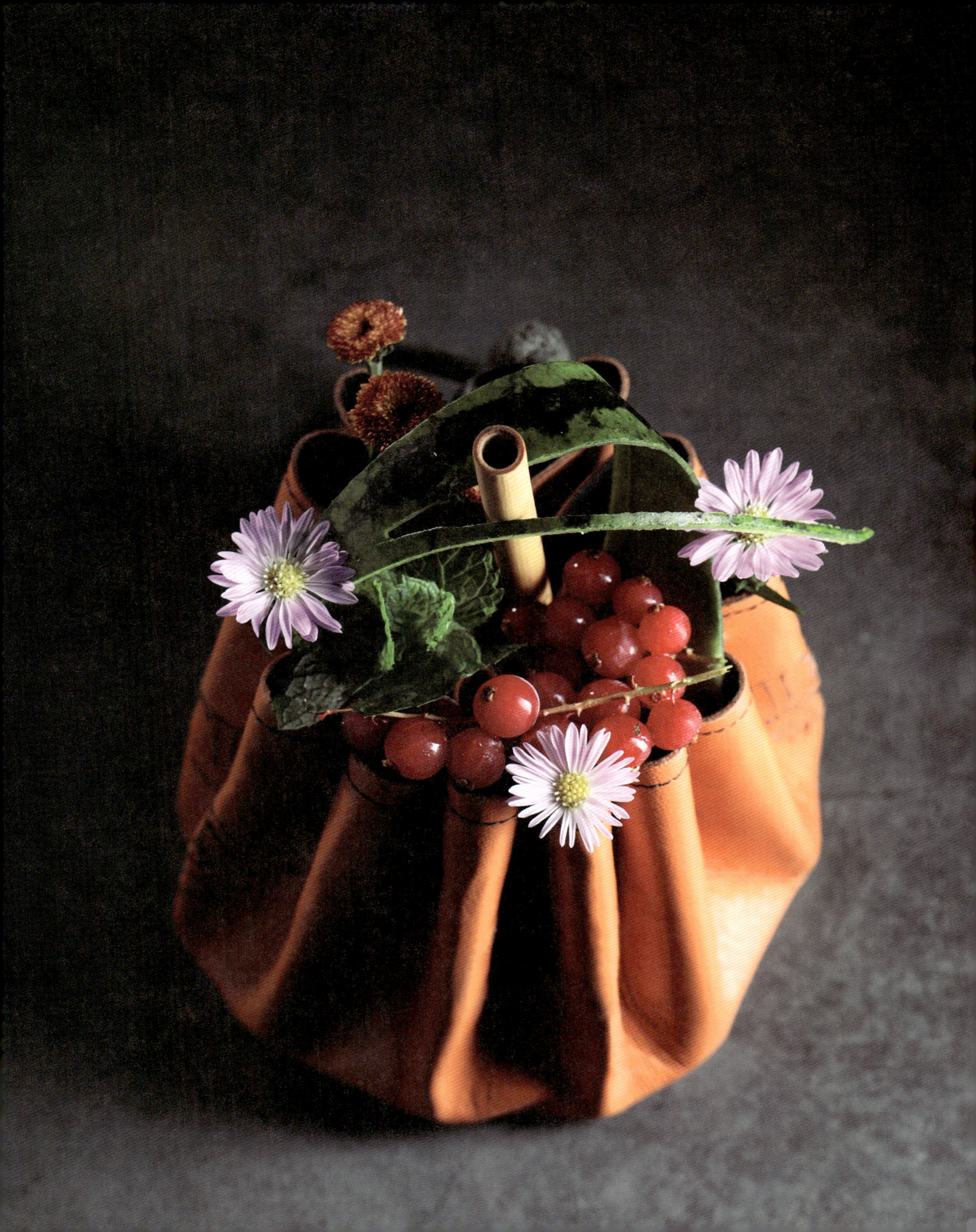

生命力蓬勃的非洲芬芳
Mooi

概念　靈感來自非洲影片，片中當地居民習慣在茶裡放香料添加風味，甚至加入泥土，因泥餅的味道就像黑巧克力，帶著苦與澀。

使用茶款　鉑金系列‧Golden Caramel Rooibos 唐寧琥珀焦糖博士茶
風味獨特的南非博士茶（又稱南非國寶茶），是生長在南非的豆科灌木植物，以它的針狀葉和莖製成的香草茶，不含咖啡因；唐寧調茶大師發現了更好喝的方式，以天然日曬方式提升茶葉風味的深度，再佐以火炙過的焦糖，琥珀般的晶瑩茶湯色澤，微甜適口，是無與倫比的絕妙滋味。

調飲創意　南非博士茶，在調飲界稱之為「巧克力茶」。溫熱沖泡博士茶時，能感受到巧克力香甜的風味，像法式可可岩石脆餅（Cacao et roche），嚐起來有點酸又有濃厚純粹的可可香氣。

加入椰子汁混合的奶泡，再放入可可粉、可可脂、少許檸檬汁和檸檬蛋黃醬，甜味的來源是東加豆糖漿（Tonka bean，外型像帶皮的杏仁果粒的香料，有煙燻香草味），調飲混合後的顏色是原始的大地色調。

容器靈感　用最簡單無構造設計的上下雙層玻璃杯呈現，象徵非洲原始但無限勃發的生命力。上層盛裝淡黃色奶泡，下層則是茶飲，品飲者用雙孔吸管同時品嘗到兩種滋味和口感。

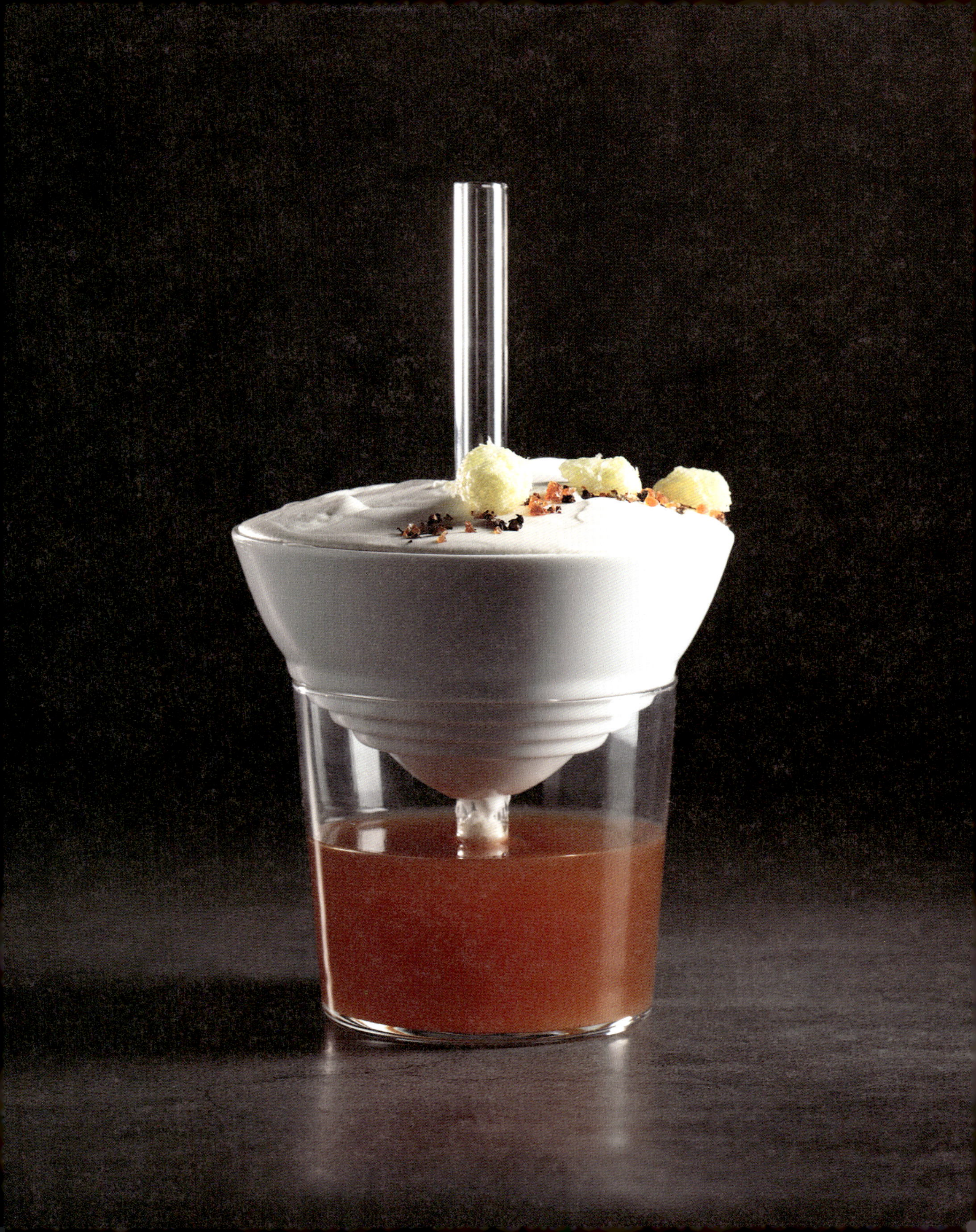

自然裡的生物之美
A Day in the Garden

概念　大自然裡的花園是足以沉澱心靈、與家人共度的地方,而昆蟲則是花園的守護者,停下來傾聽並奉獻一己之力的角色,將這份對大自然的敬畏之情以調飲的方式呈獻給世人。

使用茶款　鉑金系列．Two Seasons Darjeeling 大吉嶺莊園雙芬茶
來自於印度西孟加拉邦大吉嶺的喜馬拉雅山麓,新發的茶芽散發強烈的新鮮香氣;經過夏日曝曬,飽含陽光滋養的茶葉變得圓潤富含果香,唐寧調茶大師融合了春夏兩季採摘的茶葉調配而成。

調飲創意　TWININGS 大吉嶺莊園雙芬茶有著獨一無二的香氣,加上蘆薈,增添了一層迷人苦味,並透過可可油增添奶香與柔和之氣。葡萄柚汁是這一杯調飲的靈魂角色,微酸的滋味如絲絨般平衡了口感與舌尖上的味覺。這款調茶作品色彩鮮豔、略帶秋季風格。

容器靈感　使用的杯器非常特別,以特製的放大鏡杯器來盛裝茶湯與蚱蜢,展示生物之美,更展現了新鮮茶葉的細緻紋路和構造,一眼就能抓住眾人目光,同時蘊育著自然的美好意境。

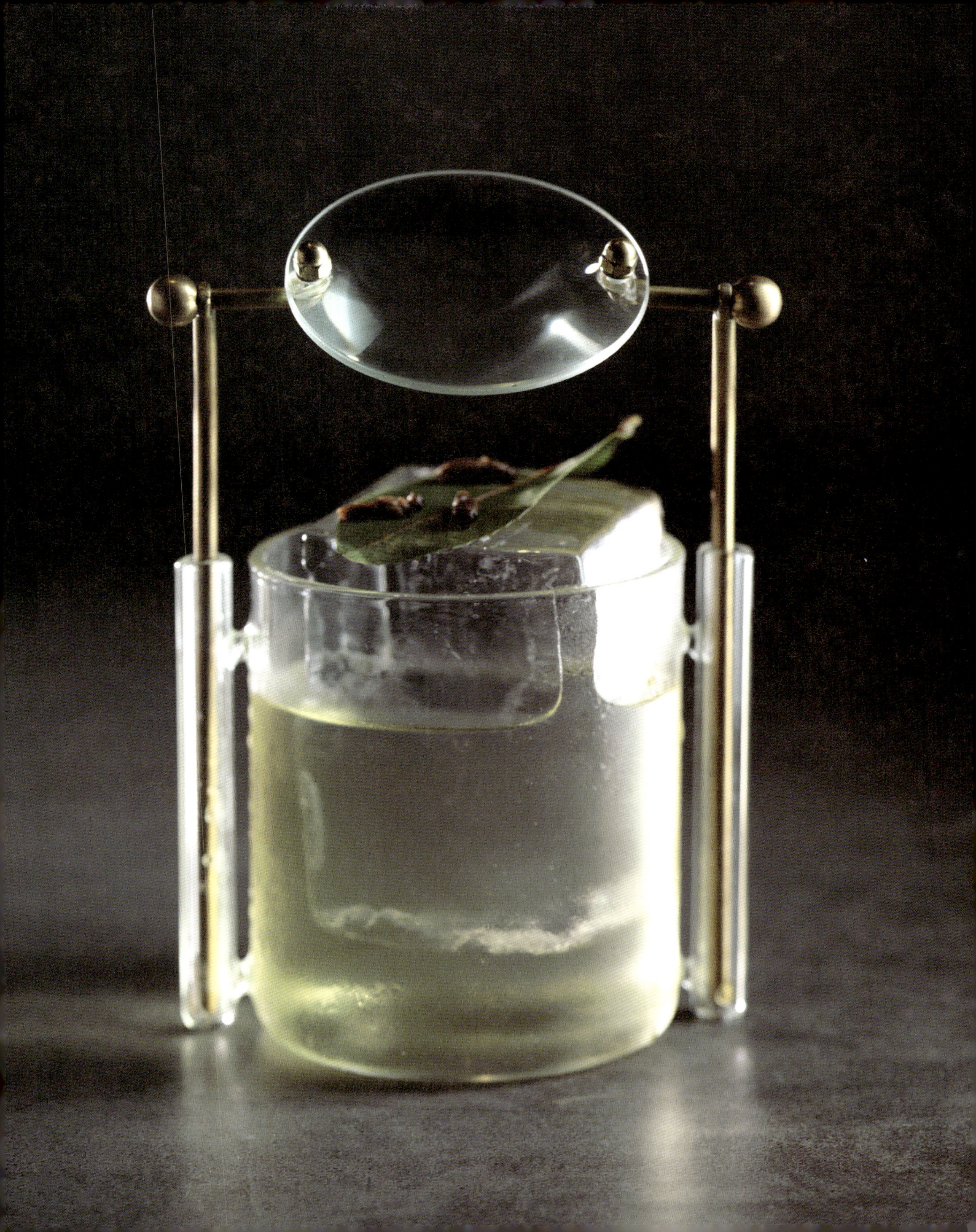

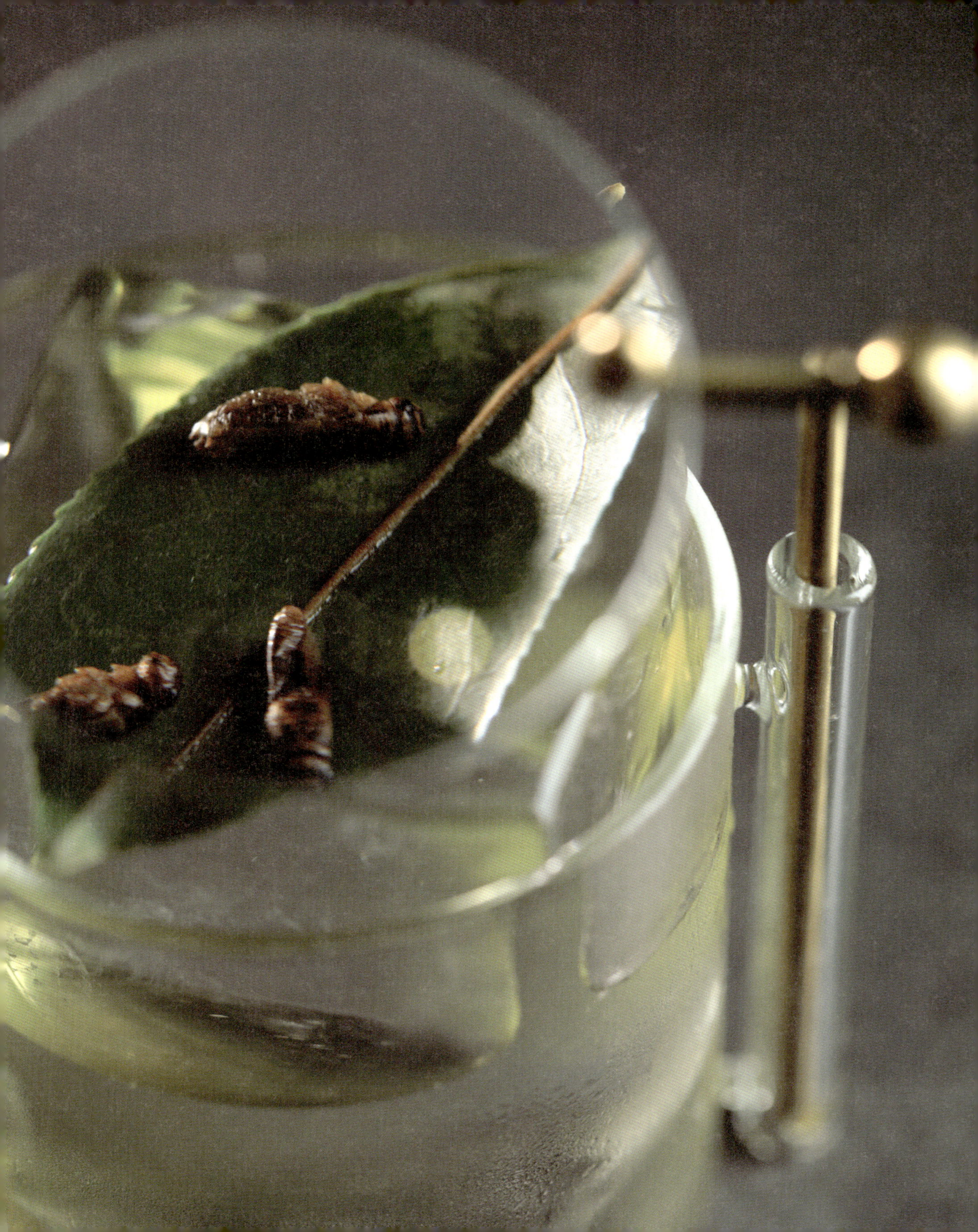

Chapter 3

專屬於唐寧的調飲美學

透過放大鏡,能清楚凝視蚱蜢的樣貌與姿態,以及躺臥在冰塊上的茶葉,讓人聯想到花園、茶園裡的景象,彷彿從眼前這杯調飲跳到另一個時空場域,身處植物圍繞的世界裡。

亞洲飲食文化融入調飲
Dine with me

概念　亞洲獨一無二的傳統飲食習慣和文化,為這杯調飲的創作來源,用杯器搭配了晶瑩剔透的長筷,讓人立即能聯想到亞洲人常用的餐具。

使用茶款　鉑金系列・Exotic Mango & Ginger Green Tea 唐寧薑芒綠茶狂想曲採用蒸氣特製的綠茶基底中,匯入熟成芒果的蜜意和新鮮薑片的微辛,鮮美、濃郁的果香中,緩緩吐露熱情、甘爽的薑馨,交疊出極富東方瑰麗的茶氛。

調飲創意　TWININGS薑芒綠茶狂想曲在這杯調飲中扮演平衡各種食材味道的重要角色,一方面展現出食物的原味,薑黃和紫薯泥更增添了繽紛的色彩和美妙的口感,美麗的色彩呈現有如優雅的連身裙一般。

容器靈感　在特製的杯器上放上透明玻璃材質,造型是「筷子」的「吸管」;玻璃杯器就有如中餐湯碗上架著筷子,Dine With Me,是專屬於您的「晚餐約會」。飲用時,可將吸管抽取出來,紫薯雪酪便會自動掉入杯中,再用吸管稍微攪拌後吸食,享受撞色的視覺快感,亦同時體驗「餐」與「飲」的樂趣。

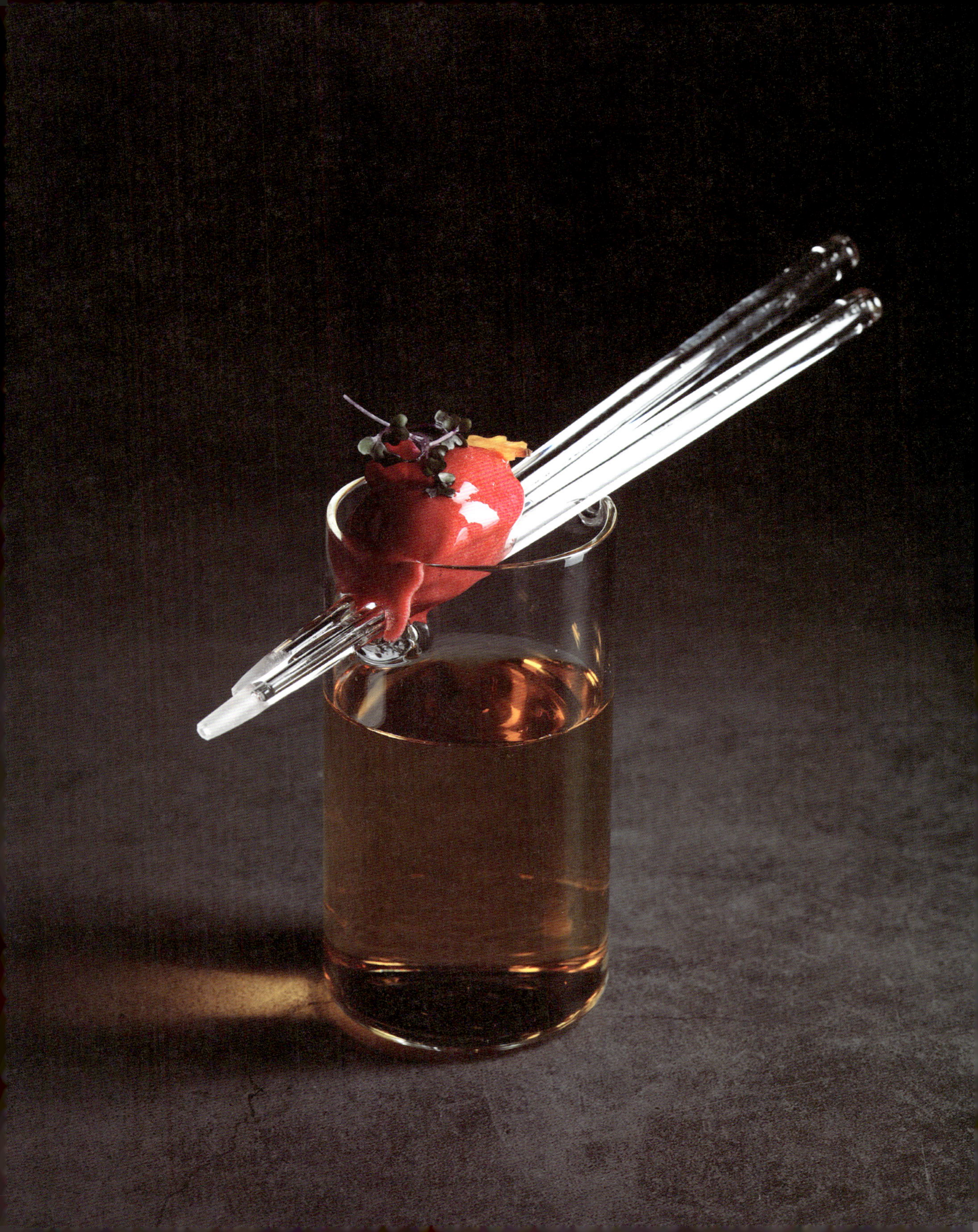

配件上的幾何圖案
Rubiko

概念 以魔術方塊的形狀和旋轉的概念來發想設計,隱喻將各種不同的形狀、元素,經過扭轉、揉合後,一杯協調又爽口的調飲躍然誕生。

使用茶款 鉑金系列・Medley of Mint 唐寧薄荷圓舞曲茶
唐寧調茶大師嚴選夏季採摘的綠薄荷與胡椒薄荷,從中挑出薄荷開花前的新鮮薄荷葉,將兩種薄荷完美調配成絕佳口感,呈現出薄荷多層次的清新、舒壓與芳馨。特別適合慵懶的午后提振精神,也適合在繁忙的一天後享用,放鬆身心。

調飲創意 TWININGS的薄荷圓舞曲激起清新氣息,有如清晨的水霜還點點殘留在樹葉上。清新的哈密瓜汁增添了香甜風味,而糖漿、檸檬和胡椒焦糖醬讓品飲者的口腔中充斥著辛辣、甜、酸的滋味。

容器靈感 特別用了有TWININGS字樣的磚板來做冰塊表面的字樣,讓魔術方塊更顯別緻獨特。在這特別設計的杯器中,將冰塊抬高,以降低冰塊融化的速度。當品嚐時,冰塊會直接接觸到嘴唇,提供最適合飲用的溫度,同時滿足視覺上的變化,冰塊漸融的自然樣態也值得細細品味。

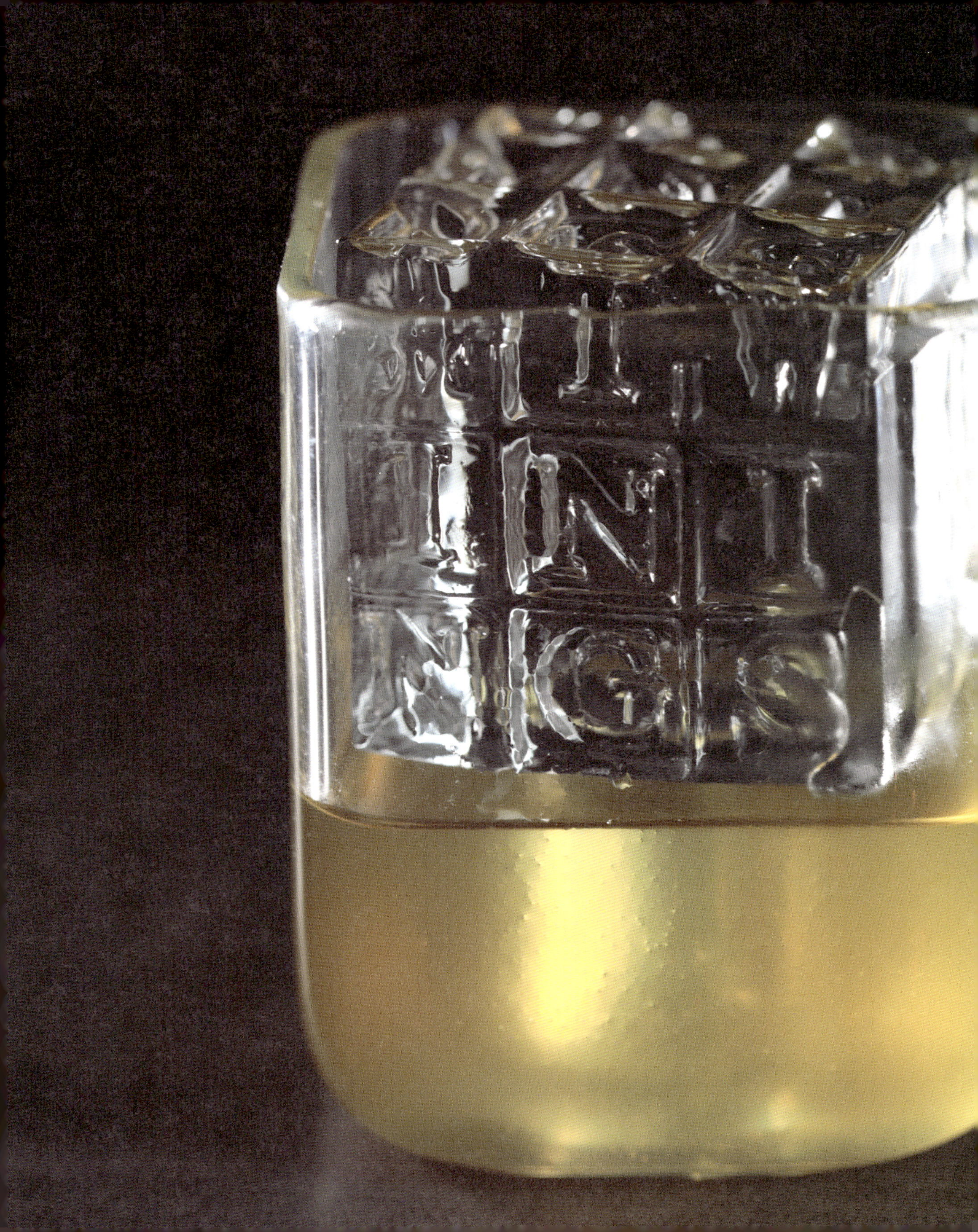

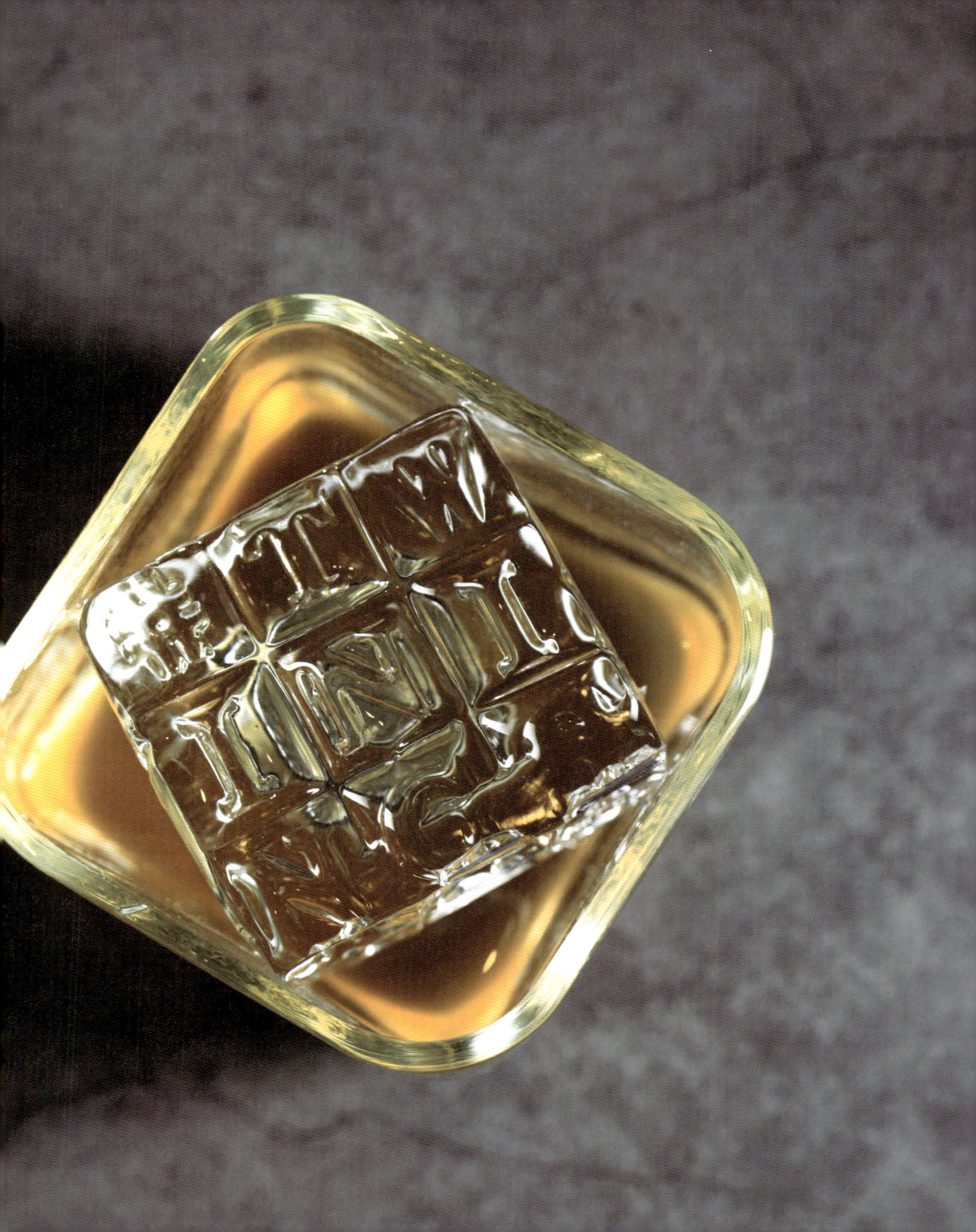

Chapter 3 專屬於唐寧的調飲美學

魔術方塊的每一個面都不同,透過旋轉、轉動的組合變化,充滿驚喜。是這款調茶的設計意念,作品看似簡約,卻蘊藏了許多細節,從視覺、觸覺到味覺,每一次就口都讓品飲者有不同體驗。

TWININGS GRAND PRIX

風靡世界的調茶大賽

為了讓更多人能品嚐唐寧茶的優雅時尚魅力，並期望挖掘茶飲調配工藝的人材，搶先在亞太地區舉辦了「TWININGS GRAND PRIX」調茶大師賽事，至今已是業內最具權威的指標型賽事。而倫敦唐寧總部也響應台灣區的賽事，提供冠軍到總部見習體驗的珍貴機會。

一年一度的調茶大賽，前置作業長達半年，報名、書審、複審後，從上百間店家中選出幾位調茶大師，每年邀請不同的貴賓，有全球唐寧茶品牌大使、英國貿易文化辦事處長官、時尚界知名人士、知名調酒冠軍等各領域專業人士擔任評審，大家一起共襄盛舉，成就這場調茶的藝術盛事。

進行「TWININGS GRAND PRIX」調茶大賽的過程中，盡顯精品優雅氛圍，聲光效果也極其講究。每一屆皆有當年的主題發表，參賽展演的調茶大師們在絕美的燈光音樂中，流暢地展現極致的調茶藝術手法，每項調茶作品轉場時也會搭配不同的音樂，透過視覺與聽覺的設計，展現出茶飲優雅的時尚全感美學。

到2019年為止，已舉辦過六屆賽事，成功引領英式茶飲的新風潮，同時席捲至亞洲其他各國。藉由賽事的舉辦，成果的發酵，的確帶動更多人重視茶飲調配工藝人材的培養，唐寧樂見全球更多的品茗者都能感受到西洋茶的精緻時尚魅力。

Luca Cinalli

TWININGS GLOBAL MIXOLOGY CONSULTANT

Philippa Thacker　Stephen Twining　Michael Wright

TWININGS MASTER BLENDERS

Chapter 3　專屬於唐寧的調飲美學

Chapter 3

TWININGS GRAND PRIX

TWININGS GRAND PRIX
第一屆調飲大賽主題

賽事主題　品味交響樂

一杯茶的味蕾韻律，來自專業調飲師巧妙運用多種元素，拼配出三世紀的經典，如交響樂中多重樂器下，和諧地堆疊、組合出動人的樂章，一首交響樂遇上不同的指揮家，注入個人風格、新元素、調飲技巧、杯飾藝術，變奏詮釋出唐寧夏日的茶飲品味。

夏日協奏曲

2014 GOLD MEDAL

01

TWININGS GRAND PRIX
唐寧茶第一屆調飲大賽
金賞 黃俊儒

BASED TEA 基底茶
英倫早餐茶 English Breakfast Tea

創作理念

以口感濃郁的英倫早餐茶為基底，搭配夏季盛產的甜美荔枝，創造出芬芳微甜果香的茶湯風味，最後佐上一點玫瑰鹽巧妙提味，正如同以多重樂器的激盪下所迴盪出悅耳的夏日協奏曲。想要賦予品飲者在炙熱夏季裡特有水果的迷人風味外，透過飲品外觀，更能充分感受到沁涼入心的感受。

107

激情拉丁

TWININGS GRAND PRIX
唐寧茶第一屆調飲大賽
銀賞 謝曼寧

BASED TEA 基底茶
熱帶風情茶 Peach & Passionfruit Infusion

創作理念

狂野與熱情所激盪出的拉丁綺想調飲——以熱帶風味茶為基底，佐以百香果與巧克力，混搭撞擊濃烈的飲品風格，杯緣圍繞數圈巧克力顏色綴飾，希望品飲者能享受雙重滋味的茶湯之餘，巧克力也不會因溶進茶湯而變混濁。黑、紅配色更能彰顯出強烈又情感豐沛的拉丁風情。

Chapter 3 專屬於唐寧的調飲美學

序曲

2014 BRONZE MEDAL

03

TWININGS GRAND PRIX
唐寧茶第一屆調飲大賽
銅賞 徐政揚

BASED TEA 基底茶
英倫早餐茶 English Breakfast Tea

創作理念

此調飲的創作概念來自於交響樂團的組成，以英倫早餐茶為基底，虹吸壺熬煮茶飲，並使用了香草、肉桂、薑3種香料來做搭配。奔騰的牛奶香氣讓飲品口感更為清新溫潤，正有如在倫敦街頭所展開——美好一天的清晨序曲，舌尖的感動成了生活的指揮家。

Chapter 3 專屬於唐寧的調飲美學

Chapter 3
TWININGS GRAND PRIX

TWININGS GRAND PRIX
第二屆調飲大賽主題

賽事主題　倫敦風潮

倫敦，一個擁有世界上最古老地鐵系統，同時具備最前衛人文藝術、科技發明的迷人城市。唐寧，淬鍊超過三世紀的歷史傳承，精益求精的現代調茶工藝，以大英帝國的禮節傳統為精隨，與新穎的、時尚的元素碰撞，激盪出現代倫敦的火花。由調茶師敏銳的感官，以茶飲拼配出屬於唐寧的倫敦風情。

瘋狂帽客的呢喃

TWININGS GRAND PRIX
唐寧茶第二屆調飲大賽
金賞 邱文駿

BASED TEA 基底茶
皇家伯爵茶 Earl Grey Tea

創作理念

呼應英國童話──愛麗絲夢遊仙境，經典唐寧皇家伯爵茶搭配新鮮草莓、覆盆莓與最能代表英國風土植物──石楠花，襯托出伯爵茶原有的佛手柑香氣；並加入焦糖脆片、堅果、傳統檸檬蛋黃醬慕斯，創造出宛如品嘗甜點般的綿密口感，以甜點概念，完整呈現濃厚夢幻的英式風情，飲盡童話的奇幻冒險。

Chapter 3　專屬於唐寧的調飲美學

蛻 變

TWININGS GRAND PRIX
唐寧茶第二屆調飲大賽
銀賞 浦薰云

BASED TEA 基底茶
茉莉綠茶 Jasmine Green Tea

創作理念

倫敦──街角轉口處處感受到融合現代與古典的混搭氣息，千年地標的隙縫間奔走著高科技的新建築，花香與芬多精的氣息沿著泰晤士河畔瀰漫著。本作品以唐寧茉莉綠茶、蝶豆花、當令芒果、萊姆汁巧妙結合出豐富風味，特別以冰滴壺冰鎮凸顯茶的尾韻，天然水果酸甜冷萃入茶湯中，杯口的跳跳糖與飲品打造新穎感受、時尚元素碰撞，呈現出現代倫敦蛻變滋味。

Chapter 3　專屬於唐寧的調飲美學

萬靈藥

2015 BRONZE MEDAL

03

TWININGS GRAND PRIX
唐寧茶第二屆調飲大賽
銅賞 郭宗迪

BASED TEA 基底茶
異國香蘋茶 Apple, Cinnamon & Raisin Tea

香草菊蜜茶 Camomile Honey & Vanilla Infusion

創作理念
傍晚的國王十字車站，旅人熱切的奔向九又四分之三月台，站台間處處飄散著哈利波特學院的魔法風景，於是，用想像訂製一款超越時空的魔法棒－擷取萊姆汁與蘋果丁熬煮青蘋果果醬，以熱氣悶出唐寧香草菊蜜茶與異國香蘋茶的滿室辛香，以接骨木的香氣增添層次，搭上具有止咳功效的百里香，奔騰的瓊漿玉液，成就了一杯午後的魔幻茶飲。

Chapter 3 專屬於唐寧的調飲美學

Chapter 3

TWININGS GRAND PRIX

TWININGS GRAND PRIX
第三屆調飲大賽主題

賽事主題　名人與我的茶派對

歡愉優雅、獨具風格的茶宴,顯現迥異不同的個人美學、個性,以及各異其趣的慶典品味。福爾摩斯午茶宴,撲朔神秘;凱特王妃午茶宴,優雅甜美;邀請誰來到這場午茶宴,將有全然不同的茶派對風貌。調飲師以唐寧茶飲調配,悉心刻畫出一杯杯獨具人物風格的茶宴,匯聚一場品茗慶典。

無花實花

TWININGS GRAND PRIX
唐寧茶第三屆調飲大賽
金賞 劉庭箏

BASED TEA 基底茶
仕女伯爵茶 Lady Grey Tea

2016 GOLD MEDAL

01

創作理念

為邀請蜷川實花為茶派對的座上賓客而特製華麗的唐寧調飲,色香味均勻完整呈現,花卉果凍代表著現代人著重外在,視覺上追求美的影像;果凍中凝聚的花朵,回敬了蜷川的作品,唐寧仕女伯爵茶湯代表的為自身原始的生命狀態,真切且調和,餘韻留存。

Chapter 3 專屬於唐寧的調飲美學

Bradley Mocktail

TWININGS GRAND PRIX
唐寧茶第三屆調飲大賽
銀賞 黃懷民

BASED TEA 基底茶
異國香蘋茶 Apple, Cinnamon & Raisin Tea

創作理念

以電影明星 Bradley Cooper 為創作靈感，擷取唐寧異國香蘋茶裡溫暖、內斂、迷人味道，呼應他的個人特質，以綠蘆筍汁再增添些香甜感，加入薑糖、白巧力、橙花水等讓整體風味更具層次。

Chapter 3

專屬於唐寧的調飲美學

深沉的 ROCK

TWININGS GRAND PRIX
唐寧茶第三屆調飲大賽
銅賞 邱垂德

BASED TEA 基底茶
四紅果茶 Four Red Fruits Tea

創作理念

以香氣濃郁奔放的唐寧四紅果茶向重金屬搖滾樂傳奇巨星Bon Jovi致敬，結合他喜愛的咖啡與葡萄汁，並帶入洛神花調香，如此衝擊的結合，就像瘋狂自由的Rock。將茶的甘甜、咖啡的苦酸、新鮮葡萄皮的單寧取得美妙的層次平衡，一次擁有多重的享受。

Chapter 3

專屬於唐寧的調飲美學

Chapter 3

TWININGS GRAND PRIX

TWININGS GRAND PRIX
第四屆調飲大賽主題

賽事主題　時尚大道午茶

時尚是生活，不同的城市、不同的街道呈現著各自的風格，建築設計、街道走向、錯落的植栽、特色料理，從視覺、嗅覺到味覺，唯有置身其中方能領略其獨特。倫敦攝政街、巴黎香榭大道、米蘭艾曼紐二世迴廊…等，都各自擁有自己的時尚風格，且引領著世界風尚。透過調飲師的展演，輕啜的每一口都彷彿置身於時尚氛圍中。

BLVD

TWININGS GRAND PRIX
唐寧茶第四屆調飲大賽
金賞 黃懷民

BASED TEA 基底茶

鉑金系列・琥珀焦糖博士茶 Golden Caramel Rooibos

菊香薄荷茶 Camomile & Spearmint Infusion

創作理念

以 Boulevard 城市中車水馬龍的繁華大道為名。翻轉知名調酒 Manhattan，對應紐約曼哈頓。首先以唐寧菊香薄荷茶奶酪洗淨味蕾；西瓜搭配一絲橙香與櫻桃的微酸及香草咖啡尾韻，襯托唐寧鉑金琥珀焦糖博士茶的甘甜！杯器是自由女神的火盃，紅藍白是美國國旗精神意象，三種不同的味覺饗宴，彷彿置身時代廣場，沉浸於紐約時尚之中。

Chapter 3　專屬於唐寧的調飲美學

克蘿伊

TWININGS GRAND PRIX
唐寧茶第四屆調飲大賽
銀賞 楊宗霈

BASED TEA 基底茶
仕女伯爵茶 Lady Grey Tea

鉑金系列・胭脂莓果茶 Berry Blush Infusion

創作理念

Chloé，一個滿是馨香、令人迴蕩的名字。像是香榭大道上女孩甜美的笑容，如洛神花糖漿般甜；又或是香甜如草莓果泥的馬卡龍；香榭的傍晚，微風徐徐，帶來清新的樹葉氣息。Chloé，與馥郁如玫瑰的女孩，以唐寧仕女伯爵茶與鉑金胭脂莓果茶共進一場難忘的時尚大道午茶之約。

Chapter 3 專屬於唐寧的調飲美學

Weaving Fashion

TWININGS GRAND PRIX
唐寧茶第四屆調飲大賽
銅賞 呂泓瀅

BASED TEA 基底茶
仕女伯爵茶 Lady Grey Tea

創作理念

低調的時尚源頭，瑞士·聖加侖，瑞士東部的文化中心，以生產精緻紡織品聞名。工藝繁複的紡織、刺繡、蕾絲花邊，精美的品質深受各大時尚精品品牌青睞。巧克力盛裝著唐寧仕女伯爵茶雪霜，混合莓果，演繹聖加侖紡織融合多種媒介創造新的意象。格紋焦糖片則象徵織品；以仕女伯爵奶茶澆覆，交織出以甜點風貌展現的時尚紡織之都午茶調飲。

Chapter 3 專屬於唐寧的調飲美學

Chapter 3

TWININGS GRAND PRIX

TWININGS GRAND PRIX
第五屆調飲大賽主題

賽事主題　唐寧時刻

濃郁的優雅茶香是倫敦意象，經典的英式日常生活以茶香銘刻時間的分秒。今夏，沉穩茶韻轉化為無限創意驚喜，TWININGS邀請全台灣的精英調飲師以「時刻」為題，用Mocktail演繹生活中的重要時刻──It's Time for TWININGS，無論是清晨5點、下午3點15分或傍晚6點，皆用調飲為生活的片刻劃下精彩的註解，精心調配設計出繽紛絢麗的美好作品。

Trend & Tradition

2018 GOLD MEDAL

01

TWININGS GRAND PRIX
唐寧茶第五屆調飲大賽
金賞 林輝宏

BASED TEA 基底茶
異國香蘋茶 Apple, Cinnamon & Raisin Tea

皇家伯爵茶 Earl Grey Tea

創作理念

以傳統英國貴族的午茶時間15：30為發想，為貴族量身打造創時代奢華系午茶——融合甜品與飲品。以異國香蘋茶為基底，天然肉桂香氣，結合臺灣經典甜品豆花的再創作——皇家伯爵茶豆花，清新高雅的佛手柑香氣，營造出高貴的氣質。些許佛手柑果露，展現出伯爵茶輕盈的香氣，豆花入口即化，那細緻的奶香是杏仁露畫龍點睛之效。

Chapter 3　專屬於唐寧的調飲美學

Memories of Fantasy

2018 SILVER MEDAL

02

TWININGS GRAND PRIX
唐寧茶第五屆調飲大賽
銀賞 楊宗霈

BASED TEA 基底茶
皇家伯爵茶 Earl Grey Tea

香草菊蜜茶 Camomile Honey & Vanilla Infusion

創作理念

Fantasy跨遇兩地時空的藩籬，為倫敦午後三點或臺北晚上十點的人們營造一個舒適的角落。一杯輕鬆舒適的飲品，以經典皇家伯爵茶為基底，搭配香草菊蜜茶的甜蜜氣息，舒緩了生活壓力，勾勒出美好的回憶。透過輕啜這款Memories of Fantasy，無論身處臺北或倫敦，TWININGS跨越時間與空間的限制，為你營造出生活中的美好風景。

Chapter 3

專屬於唐寧的調飲美學

Legacy

2018 BRONZE MEDAL

03

TWININGS GRAND PRIX
唐寧茶第五屆調飲大賽
銅賞 王廷鈞

BASED TEA 基底茶
香草菊蜜茶 Camomile Honey & Vanilla Infusion

香甜蜜桃茶 Peach Tea

創作理念

午茶文化誕生於19世紀，作品針對下午3至5點的午茶時間，設計打造現今最為特殊的下午蔬果風味茶。當時貴族多是在庭園享用午茶，因此以香甜蜜桃茶與香草菊蜜茶為基底，帶出英國皇家庭院、花草圍繞、果蜜飄香之意象。搭配黃甜椒與黃金番茄，強調茶葉在當時有著健康養身，甚至作為藥材的用途。融合英國吃麵包及餅乾的習慣，做出新潮有趣的點心。

Chapter 3 專屬於唐寧的調飲美學

DELUXE DESSERTS

Chapter

4

烘焙綻放精品茶的優雅風韻

Desserts With Tea

精品茶除了用沖泡做品飲，
也能是烘焙製作時的頂級優質素材，
創意做出蘊含柔美茶香的精品茶甜點，
讓品嚐者體驗宛如樂曲般動人的茶香旋律。

Afternoon Tea

茶香繚繞口中的精品茶點心

下午茶源自於一位很有生活品味的安娜貝德福公爵,當時英國貴族們早餐、午餐都吃得不多,而具有社交性質的晚宴大多是被安排在聆聽音樂會或觀劇之後,距離上一餐實在太長的時間,所以貝德福公爵夫人便想到可以在下午宴請賓客。

貝德福公爵夫人請侍女們準備了麵包、甜點,用高級盤具擺盤得十分精緻漂亮,並準備了好品質的紅茶,邀請賓客好友們一起聊天、享受愜意的下午時光。吃著午茶點心的同時,耳畔還能聽到優揚的音樂演奏傳來,這樣的社交生活,在當時引起一陣風潮,名媛仕女們無不趨之若鶩,也因此在貴族社交圈中流行起來,慢慢形成了優雅的英國下午茶文化。

到了現今,下午茶形式變得非常多樣化,席間準備的點心品項也更加有創意,像是把茶葉磨成粉之後再入到點心裡,每嚐一口都能充分感受到精品茶的香氣與滋味,不僅衝擊視覺同時更滿足了味覺嗅覺。這裡特以TWININGS唐寧茶的經典系列與鉑金系列,精心設計出美崙美奐的藝術級法式甜點,透過細膩的烘焙手法為茶品風味做了最好的詮釋,讓茶香餘韻能久久繚繞口中。

More to Know
世界甜點冠軍詮釋精品茶香茶韻
曾獲得有著甜點奧林匹克之稱的「德國IBA世界點心大賽」金牌的楊嘉明主廚,以英國皇室御用唐寧茶為本書發想數款藝術甜點,主廚用心將食材做組合創作與美感裝飾,激盪出絕美的味蕾火花。

Chapter 4　烘焙綻放精品茶的優雅風韻

147

Chapter 4 | DELUXE DESSERTS

伯爵風味可可司康

使用茶款　經典系列・皇家伯爵茶

創作概念　皇家伯爵茶是唐寧經典系列中的經典,將佛手柑的芬芳融入司康麵團中,一入口咀嚼就能感受到濃郁香氣,是平日下午茶的絕佳選擇,令人印象深刻的伯爵茶馨香能讓繁複的心境隨之沉澱。

司康是英國下午茶文化代表性的甜點,最正統的吃法是搭配英式果醬或德文郡奶油,會放置在下午茶三層盤的第二層。

Chapter 4 | DELUXE DESSERTS

晨光甘菊香檸蛋糕

使用茶款　鉑金系列・晨光草原甘菊花茶

創作概念　主廚將甘菊花茶細磨成粉，完整留下甘菊自然甜蜜的香氣，再與檸檬的清新滋味揉合在一起，甚是絕配！細嚐一口軟綿的蛋糕，彷彿漫步在花香滿溢的園中，感受清晨曙光輕撒而下的安適平靜。

Chapter 4

DELUXE DESSERTS

鉑金薄荷橙香蛋糕

使用茶款　鉑金系列‧薄荷圓舞曲茶

創作概念　此款蛋糕選用了「鉑金薄荷圓舞曲茶」，含有綠薄荷與胡椒薄荷的清涼氣息，形塑出有層次的風味感受，與橘子絲、橘子醬、檸檬…等搭配在一起，有如夏日裡讓人提振精神的美好交響曲一般。

Chapter 4

DELUXE DESSERTS

鉑金胭脂莓果金芒蛋糕

使用茶款　鉑金系列・胭脂莓果茶

創作概念　主廚挑選的「鉑金胭脂莓果茶」有著瑰麗茶色，茶體本身有著玫瑰果、非洲芙蓉、藍莓、覆盆莓與黑醋栗的豐富滋味，用芒果果泥和果乾讓這款甜點的滋味更加突出、酸甜交疊，果香瞬間在口中迸發。

Chapter 4 | DELUXE DESSERTS

鉑金焦糖莓果巧克力慕斯

使用茶款　鉑金系列・琥珀焦糖博士茶

創作概念　琥珀焦糖博士茶是無咖啡因的茶款，茶湯色澤有如琥珀般美麗晶瑩，主廚取它的湯色融入巧克力慕斯中；另外使用了覆盆莓、草莓來做酸甜誘人的軟凍，兩者結合做出雙色視覺效果，是一場和諧美好的協奏曲。

APPENDIX
特別附錄！

Appendix 1
世界級調飲大師──Luca 茶譜

Appendix 2
TWININGS 調茶大賽茶譜

Appendix 3
頂級精品茶饗宴的甜點食譜

TWININGS MOCKTAILS

Appendix
1

世界級調飲大師──Luca 茶譜

Windsor

材料

唐寧夏戀花果綠茶…2茶包

【通寧蛋白糖漿】…25ml

通寧水…200ml
新鮮草莓…80g
新鮮覆盆莓…30g
米醋…5ml
蛋白糖餅…30g
（自製1比1蛋白與砂糖打發後以攝氏180度烤20分鐘）
鹽…3g
黃檸檬皮（去白）…1顆
白砂糖…400g

新鮮檸檬汁…10ml
桑葚汁…10ml
唐寧英倫早餐伯爵煙燻1：2（英倫早餐茶＋皇家伯爵茶）

裝飾物

紅醋栗、蛋白糖粒、檸檬刨皮

作法

1. 以2包唐寧夏戀花果綠茶兌上攝氏85度的水300ml，浸泡4分鐘後取茶湯100ml。
2. 製作【通寧蛋白糖漿】，將所有材料倒入攪拌機打2-3分鐘，打完過濾後，取400ml。以1:1的比例，加入白砂糖，倒入攪拌機攪拌2-3分鐘，取用25ml。
3. 依序將材料加入三件式雪克杯中。
4. 加入冰塊，使用煙燻槍將茶葉薰至雪克杯後進行搖盪。
5. 過濾後倒出至威士忌杯，加冰塊再放上裝飾即可。

Ritz Paris

材料

唐寧胭脂莓果茶散茶…2.5g

【接骨木香茅酸甜汁】…30ml

蘋果汁…200ml
青蘋果泥…80ml
新鮮香茅…25g
接骨木糖漿…32ml

【巴西莓蘇打】…20ml

巴西莓果汁…1L
蘇打水…500ml
薑汁…30ml

裝飾物

覆盆莓粉

作法

1. 以唐寧胭脂莓果茶2.5g兌上攝氏85度的水250ml，浸泡4分鐘後取茶湯90ml。
2. 將【接骨木香茅酸甜汁】的材料依序加入，攪拌均勻後過濾，取30ml。
3. 將【巴西莓蘇打】的材料混合後過濾，放置蘇打瓶中打入氮氣，冷藏備用。
4. 調和杯中依序加入唐寧胭脂莓果茶湯和接骨木香茅酸甜汁，以拋拉混合方式調製約4-6次。
5. 倒入杯中，加上冰，倒入巴西莓蘇打。
6. 最後以模板撒上覆盆莓粉裝飾。

Ventura Lambrate

材料
唐寧晨光草原甘菊花茶散茶…2.5g

澄清西瓜汁…30ml

【桂花糖漿】…15ml
水…500ml（80度）
乾燥桂花…12g
白砂糖…1kg

新鮮萊姆汁…5ml

裝飾物
新鮮薄荷、西瓜皮、糖粉、紅醋栗、食用花

作法
1. 預先製作澄清西瓜汁，紅肉西瓜放入攪拌機攪拌後過濾，冷藏靜置36小時，取透明前段。
2. 以唐寧晨光草原甘菊花茶2.5g兌上攝氏85度的水250ml，浸泡4分鐘後取茶湯100ml。
3. 將【桂花糖漿】的所有材料倒入鍋中，以小火攪拌煮至砂糖融化，冷卻備用。
4. 在調和杯中加滿冰塊，依序加入唐寧晨光草原甘菊花茶湯、澄清西瓜汁、桂花糖漿、新鮮萊姆汁，攪拌混合約8圈，再倒入杯中，加入冰塊。
5. 最後放上裝飾物。

Mooi

材料

唐寧琥珀焦糖博士茶散茶⋯2.5g

【苦甜可可萃取】⋯30ml

新鮮椰子水⋯300ml
檸檬蛋黃醬⋯20g
檸檬汁⋯25ml
可可碎⋯.12g
可可脂⋯30g

【東加豆糖漿】⋯20ml

東加豆⋯3顆
鹽⋯5g
水⋯500ml
白砂糖⋯1kg

【椰子泡沫】

椰子油⋯100ml
全脂牛奶⋯750ml
蛋黃⋯4顆
煉乳⋯1罐
鹽⋯3g
吉利丁⋯1片

裝飾物

可可碎、米果碎、彩虹珍珠糖

作法

1. 以唐寧琥珀焦糖博士茶2.5g兌上攝氏85度的水250ml，浸泡5分鐘後取茶湯80ml。
2. 製作【苦甜可可萃取】，首先加熱椰子水與可可脂，使用攪拌機進行第一次攪拌3分鐘，再加入其他材料進行第2次攪拌3分鐘，過濾倒出，冷藏備用。
3. 製作【東加豆糖漿】，將3顆東加豆磨成粉，加入其他材料，放入鍋中以小火攪拌至糖溶解後關火，冷卻過濾備用。
4. 製作【椰子泡沫】，先將吉利丁片泡冷水備用，加入所有材料於攪拌機中混合約4分鐘過濾後倒入奶油槍（一顆氮氣）稍微搖晃30秒，冷藏備用。
5. 將唐寧琥珀焦糖博士茶湯、苦甜可可萃取、東加豆糖漿依序加入三件式雪克杯中，加冰塊搖盪，用濾網雙層過濾，倒入杯中。
6. 打上約一指寬的椰子泡沫，再放上裝飾物。

A Day in the Garden

材料

唐寧大吉嶺莊園雙芬茶…2茶包

【可可油與蘆薈混合液】…20ml

蘋果汁…5ml
蘆薈…10ml
可可油…10ml
鹽…3g
糖…3g

葡萄柚汁…22ml

裝飾物

新鮮茶葉片數片、可食蟋蟀乾

作法

1. 將300 ml的水煮沸後離火靜置1分鐘，放入2包唐寧大吉嶺莊園雙芬茶浸泡約3分鐘後放置冷卻，取茶湯55ml。
2. 製作【可可油與蘆薈混合液】，將蘋果汁、蘆薈和可可油倒入鍋內以小火熬煮而成，並加入糖和鹽稍做調味。
3. 將唐寧大吉嶺莊園雙芬茶、【可可油與蘆薈混合液】和葡萄柚汁調和後以雙層咖啡濾紙過濾。
4. 加入冰塊，以吧匙稍微攪拌均勻混合。
5. 將冰球切成適合杯子的大小，放入杯中。
6. 將混合好的茶倒入放大鏡杯器。
7. 放置一片新鮮茶葉於冰塊上，並將蟋蟀乾點綴於茶葉片上作為裝飾。

Dine with me

材料

唐寧薑芒綠茶狂想曲…2茶包
薑黃…5g
萊姆汁…5ml
糖粉…3g

【紫薯雪酪】…25g
紫色馬鈴薯…100g
甜菜根…50g
蜂蜜…30ml
蔓越莓汁…50ml
雪酪粉…10g
檸檬汁…30ml

裝飾物

2種不同香草苗各一小把、彩色甜菜根片

作法

1. 將300 ml的水煮沸後離火靜置1分鐘，放入2包唐寧薑芒綠茶狂想曲浸泡約3分鐘後靜置冷卻，取茶湯75ml。
2. 製做【紫薯雪酪】，將紫色馬鈴薯、甜菜根放入蒸籠內蒸熟後取出放入鍋內，依序加入蜂蜜、蔓越莓汁、雪酪粉與檸檬汁，使用攪拌機打勻後放入冷凍庫備用。
3. 將唐寧薑芒綠茶茶湯、薑黃、糖粉和萊姆汁混合均勻，以咖啡濾紙與濾壺過濾掉多餘的薑黃和糖粉後，倒入波士頓雪克杯中。
4. 加入冰塊後以拋拉混合方式使液體均勻混合並帶入空氣，倒入杯中。
5. 將一勺紫薯雪酪裝飾於玻璃吸管杯上。
6. 將香草苗和多色甜菜根片點綴於雪酪上作為裝飾。

Rubiko

PAGE 098

材料
唐寧薄荷圓舞曲茶⋯2茶包
哈密瓜汁⋯25ml
檸檬汁⋯4ml

【胡椒焦糖糖漿】⋯7ml
黑胡椒⋯20顆
花椒⋯15顆
水⋯300ml
白砂糖⋯300g

裝飾物
TWININGS魔術方塊冰磚

作法
1. 以300ml的水煮沸後離火靜置1分鐘，放入2包唐寧薄荷圓舞曲茶浸泡3分鐘後靜置冷卻，取茶湯45ml。
2. 製作【胡椒焦糖糖漿】，將黑胡椒、花椒於鍋中搗碎，加入水和糖以小火煮至金黃色，過濾取出備用。
3. 將唐寧薄荷圓舞曲茶、哈密瓜汁、檸檬汁與胡椒焦糖糖漿混合均勻，以雙層咖啡濾紙與濾壺過濾後，倒入波士頓雪克杯中。
4. 加入冰塊後以吧匙攪拌，再以拋拉混合方式使液體均勻混合並帶入空氣。
5. 混合好的茶飲倒入方杯中，將6×6立方體冰塊置放於磚板上等待冰塊壓上刻印，將TWININGS魔術方塊冰磚放入方杯中突起柱上即完成裝飾。

TWININGS GRAND PRIX MOCKTAILS

Appendix

2

TWININGS 調茶大賽茶譜

第一屆・金賞
夏日協奏曲

材料

唐寧英倫早餐茶…2茶包
新鮮荔枝…3顆
到手香…3片
玫瑰鹽…1/3茶匙
龍眼花蜜…25ml

裝飾物

到手香、荔枝

作法

1 將2包唐寧英倫早餐茶兌200ml的熱水，沖泡4分鐘後取出茶包，冷卻後取90ml茶湯。
2 於雪克杯中加入荔枝搗碎後，再加入玫瑰鹽、蜂蜜、左手香。
3 加入唐寧英倫早餐茶茶湯與冰塊搖盪後過濾，倒入準備好的杯中，放上裝飾物即完成。

第一屆・銀賞
激情拉丁

材料
唐寧熱帶風情茶⋯2茶包
鬱金香粉⋯1/2匙
蜂蜜⋯1茶匙

裝飾物
巧克力、新鮮辣椒、新鮮薄荷

作法
1 巧克力隔水加熱融化後，取香檳杯沾於杯緣，灑上辣椒片，放進冰箱備用。
2 將2包唐寧熱帶風情茶，兌上200ml熱水沖泡4分鐘後，取出茶包冷卻備用。
3 於雪克杯中加入唐寧熱帶風情茶湯、鬱金香粉與蜂蜜，再放入冰塊搖盪後過濾，倒入杯中。
4 放上裝飾物即完成。

第一屆・銅賞
序曲

材料

唐寧英倫早餐茶…2茶包
豆蔻…2顆
龍眼乾…4g
薑…2片
牛奶…200ml

裝飾物

香草莢、肉桂、龍眼、到手香

作法

1. 將2包唐寧英倫早餐茶與豆蔻、龍眼乾、薑片,加入200ml水,一起以小火熬煮六分鐘後過濾。
2. 將泡好茶湯加入牛奶,倒入熱茶杯中。
3. 放上裝飾物即完成。

第二屆・金賞
瘋狂帽客的呢喃

PAGE 114

材料
唐寧皇家伯爵茶…2茶包
新鮮草莓果泥…40ml
新鮮覆盆莓果泥…20ml
石楠花蜂蜜…20ml
新鮮蛋白…15ml

裝飾物
奶油焦糖脆片、檸檬蛋黃慕斯、堅果碎粒、覆盆莓粉及食用花朵

作法
1 將2包唐寧皇家伯爵茶兌150ml熱水浸泡5分鐘後取出茶包，冷卻後取90ml茶湯。
2 將唐寧皇家伯爵茶湯、新鮮草莓果泥、新鮮覆盆莓果泥和石楠花蜂蜜放入波士頓雪克杯，調整好酸甜味道後再加入蛋白。
3 先進行Dry Shake將所有材料混勻及打發蛋白（因內容物有茶和酸性物質，不需搖晃太久避免造成泡沫過多）。
4 加入冰塊約8分滿，進行搖盪將茶體冰鎮；打開雪克杯並附上隔冰器，將調茶倒入至碟型香檳杯中。
5 依序放上奶油焦糖脆片、檸檬蛋黃慕斯和堅果碎粒，最後撒上些許覆盆莓粉和食用花朵即可完成。

備註：Dry Shake — 不加冰塊搖盪

第二屆・銀賞
蛻變

材料
唐寧茉莉綠茶…2茶包
蝶豆花瓣…1g
芒果果露…10ml
新鮮萊姆汁…10ml
自製蜂蜜水…15ml

裝飾物
中層：草莓、萊姆、柳橙、薄荷、葡萄
下層：食用花瓣、綜合草莓跳跳糖、柳橙跳跳糖

作法
1 在虹吸壺上座放入1g蝶豆花瓣，下座倒入300ml的水，待水煮滾由下座跑至上座，輕微攪拌，煮約1分鐘讓茶色出來。
2 蝶豆花色出來後加入2包唐寧茉莉綠茶，溫度約攝氏90度至95度，輕微攪拌（勿過久），煮1分鐘至1分半鐘，讓茶味出來後關火靜置，讓茶湯自然流回下座。
3 冰滴壺上層放滿冰塊，中間層裝飾物擺放好。
4 將芒果果露倒入杯中，再倒入蜂蜜水，最後加入萊姆汁。加入3顆冰塊後放置於最下層。
5 將煮好茶湯從冰滴壺上層開始倒入邊攪拌，將開關閥打開讓茶湯流入中間層再往最下層流。
6 等茶湯順利到達杯中並達到所需要量（約100ml），關上開關閥。
7 杯上灑上跳跳糖與食用花瓣裝飾即完成。

第二屆・銅賞
萬靈藥

材料
唐寧香草菊蜜茶…1茶包
唐寧異國香蘋茶…2茶包

【青蘋果茶香果漿】…30ml
接骨木糖漿…100ml
青蘋果…1/4顆
萊姆汁…20ml
唐寧香草菊蜜茶…1茶包
唐寧異國香蘋茶…1茶包

接骨木糖漿…10ml
新鮮萊姆汁…20ml
新鮮百里香…3株

裝飾物
迷迭香、食用花、柳橙

作法
1. 製作【青蘋果茶香果漿】，接骨木糖漿加入青蘋果和萊姆汁，以小火（約攝氏80度）熬煮到透，再加入唐寧香草菊蜜茶和唐寧異國香蘋茶各1茶包，關火浸泡5分鐘。
2. 將2包唐寧異國香蘋茶與1包唐寧香草菊蜜茶，兌250ml熱水浸泡5分鐘後取出茶包，冷卻後取90ml茶湯。
3. 將茶湯、新鮮百里香、青蘋果茶香果漿、萊姆汁、接骨木糖漿加入雪克杯，再放入冰塊搖蕩均勻後倒入杯中，放上裝飾物即可。

第三屆・金賞
無花實花

PAGE 122

材料
唐寧仕女伯爵茶…2茶包
紫蘇葉…2片
話梅…2顆
無花果乾(或無花果絲、無花果蜜餞)
…15g
蜂蜜…10ml

【仕女伯爵茶凍】
唐寧仕女伯爵茶…2茶包
食用花卉…適量
吉利丁粉…2g

裝飾物
乾燥玫瑰花、矢車菊

作法
1 將4包唐寧仕女伯爵茶對300ml熱水沖泡，靜置4分鐘後取出茶包。
2 製作【仕女伯爵茶凍】，取150ml唐寧仕女伯爵茶湯，加入吉利丁粉攪拌混合，以堆疊方式，一層茶凍、一層食用花卉，分2-3次加入杯中，將杯子斜放等待凝固。
3 無花果乾對切後，加入話梅2顆，浸泡30ml熱水50分鐘。
4 輕拍紫蘇葉後，依序將90ml唐寧仕女伯爵茶湯、步驟3材料、蜂蜜和冰塊加入雪克杯，搖盪均勻後過濾倒入杯中，完成杯飾即可。

第三屆・銀賞
Bradley Mocktail

材料
唐寧異國香蘋茶…1茶包
綠蘆筍汁…90ml
薑糖…10g
橙花水…10ml
白巧克力醬…15ml

裝飾物
新鮮蘆筍、風乾蘋果、肉桂粉

作法
1 將1包唐寧異國香蘋茶,兌上90ml綠蘆筍汁用小火煮開。
2 加入所有材料用小攪拌器稍作均勻混和及些許發泡。
3 再使用波士頓雪克杯以拋拉混合方式充分混合調飲後倒入杯中。
4 放上裝飾,最後撒上肉桂粉。

第三屆・銅賞
深沉的 ROCK

PAGE 126

材料

唐寧四紅果茶⋯2茶包

【洛神糖漿】⋯30ml

洛神⋯225g
砂糖⋯100g
Espresso⋯20ml
新鮮葡萄⋯5顆

裝飾物

芳香萬壽菊、食用花、葡萄、葡萄梗

備註：建議用當日現煮的Espresso來製作，選擇酸度較高咖啡豆。

作法

1. 製作【洛神糖漿】，將洛神兌上200ml水煮10分鐘，再加入砂糖，以小火攪拌煮至砂糖融化，冷卻備用。
2. 將2包唐寧四紅果茶兌150ml熱水浸泡4分鐘後取出茶包。
3. 使用波士頓雪克杯，加入新鮮葡萄，再加入100ml四果紅茶湯，搗開葡萄。
4. 加入洛神糖漿與Espresso，搖盪均勻後過濾倒入杯中，放上裝飾即可。

第四屆・金賞
BLVD

PAGE 130

材料
唐寧琥珀焦糖博士茶散茶…10g
西瓜汁…20ml
美國紅櫻桃…5顆

【香草咖啡糖漿】…15ml
香草莢…1根
咖啡豆…10顆

【皇家伯爵燕菜】
唐寧皇家伯爵茶…2茶包
蝶豆花…2g
燕菜膠…2g
食用花瓣…適量

裝飾物
唐寧菊香薄荷茶奶酪、芳香萬壽菊

【菊香薄荷茶奶酪】
唐寧菊香薄荷茶…2茶包
牛奶…100ml
鮮奶油…50ml
吉利丁粉…2g

作法
1 製作【皇家伯爵燕菜】，將唐寧皇家伯爵茶包與蝶豆花，兌200ml熱水浸泡5分鐘後取出茶包和蝶豆花，再加入燕菜膠攪拌均勻，倒入適量於杯中，再放入食用花瓣，等待凝固並冷藏備用。
2 製作【香草咖啡糖漿】，以1000ml熱水煮新鮮香草莢25分鐘，關火濾掉香草莢後，再浸泡10顆咖啡豆至常溫即可。
3 將唐寧琥珀焦糖博士茶10g，兌上200ml熱水浸泡5分鐘後濾出茶湯，冷卻後取75ml茶湯。
4 於波士頓雪克杯中先搗入美國紅櫻桃，接著加入西瓜汁、唐寧琥珀焦糖博士茶湯，以及香草咖啡糖漿15ml後搖盪。
5 最後倒入冷藏茶凍杯內，並放上金湯匙和裝飾物後即完成。

【菊香薄荷茶奶酪】作法
1 將2包唐寧菊香薄荷茶兌100ml熱水泡4分鐘後取出茶包。
2 於茶湯內加入牛奶和鮮奶油，小火加熱，再加入吉利丁粉，攪拌至吉利丁粉完全溶解，關火倒入容器內，待冷卻凝固後切成丁狀備用。

第四屆・銀賞
克蘿伊

材料
唐寧仕女伯爵茶…2茶包
唐寧胭脂莓果茶…2茶包
新鮮紫蘇葉…4片

【洛神花糖漿】…30ml
乾燥洛神花…15g
1：1糖水…600ml

草莓果泥…15ml
蘋果醋…7.5ml
蛋白…15ml

裝飾物
乾燥玫瑰、玫瑰水噴霧

作法
1. 製作【洛神花糖漿】,將乾燥洛神花以熱水浸泡約30秒後過濾拈乾,加入1：1調製糖水,放冰箱浸泡一天即可完成。
2. 取2包唐寧仕女伯爵茶,兌150ml熱水浸泡4分鐘後取出茶包,冷卻後取60ml茶湯。
3. 取2包唐寧胭脂莓果茶,兌150ml熱水浸泡5分鐘後取出茶包,冷卻後取30ml茶湯。
4. 把新鮮紫蘇葉洗淨擦乾,輕拍後放入雪克杯,加入兩款茶湯、草莓果泥、洛神花糖漿、蘋果醋、蛋白,再放入冰塊搖盪後過濾至杯中。
5. 最後放上玫瑰與噴灑玫瑰水即可。

第四屆・銅賞
Weaving Fashion

PAGE 134

材料
唐寧仕女伯爵茶⋯2茶包
牛奶⋯40 ml

【茶香雪霜】
唐寧仕女伯爵茶散茶⋯1/2茶匙
香草冰淇淋⋯2球

70%黑巧克力片⋯15g
砂糖⋯適量

裝飾物
新鮮薄荷葉、網狀焦糖糖片、新鮮莓果

作法
1. 製作【茶香雪霜】，於香草冰淇淋拌入1/2茶匙的唐寧仕女伯爵茶散茶，攪拌均勻後放入冷凍庫備用。
2. 將2包唐寧仕女伯爵茶，兌250ml熱水浸泡4分鐘後取出茶包，加入鮮奶，小火加熱5分鐘，完成鍋煮奶茶茶湯，倒入杯中。
3. 以小火融化砂糖，淋灑於烘焙紙上，製成網狀焦糖糖片。
4. 將巧克力片置放於另一個杯中，依序加入茶香雪霜和新鮮莓果，再插上網狀焦糖糖片和薄荷葉裝飾。
5. 品嘗前將唐寧仕女伯爵奶茶茶湯緩緩倒入，隨著茶湯溫度慢慢融化巧克力與茶香雪霜，呈現不同風味層次，最後附上湯匙舀取享用。

第五屆・金賞
Trend & Tradition

材料
唐寧異國香蘋茶…2 茶包

【皇家伯爵茶豆花】…60g
唐寧皇家伯爵茶散茶…7g
無糖豆漿…450ml
黑糖…適量
吉利丁…2 片

【佛手柑果露】…5ml
佛手柑果泥…100ml
1：1 糖水…40ml
新鮮橙片…8 片
新鮮萊姆片…8 片

杏仁露（透明狀液體，非杏仁茶或粉）
…1ml
白砂糖…27g

裝飾物
食用金箔

作法
1. 製作【皇家伯爵茶豆花】，將唐寧仕女伯爵茶散茶配上無糖豆漿，一起用小火熬煮 7 分鐘，只取茶本身的香氣和風味，避免酸澀感融入於豆漿，並添加適量黑糖和吉利丁，待唐寧伯爵茶豆漿凝結為豆花，取 60g 為 1 份的量備用。
2. 製作【佛手柑果露】，將所需材料依序放入乾淨容器中，攪拌均勻後密封，冷藏浸泡 8 小時。
3. 將 2 包唐寧異國香蘋茶兌上 150ml 的 90 度熱水，浸泡 4 分鐘後取出茶包，取 60ml 茶湯加入白砂糖，攪拌至砂糖完全溶解。
4. 再將唐寧異國香蘋茶湯與佛手柑果露、杏仁露倒入調和杯混合，使用攪拌法冷卻飲品。
5. 最後先把豆花放入淺碟杯中，倒入飲品，放上裝飾食用金箔。

第五屆・銀賞
Memories of Fantasy

PAGE 140

材料

唐寧皇家伯爵茶散茶…4g

【香草菊蜜茶糖漿】…25ml
唐寧香草菊蜜茶…7茶包
白砂糖…300g

鳳梨汁…30ml
鳳梨活醋…45ml
破布子汁…10ml
新鮮檸檬汁…5ml
珠光銀噴霧…1Spray

裝飾物

食用花、黃金椰葉

作法

1. 將4g唐寧皇家伯爵茶散茶兌上150ml熱水浸泡4分鐘後過濾茶葉，冷卻後取90ml茶湯。

2. 製作【香草菊蜜茶糖漿】，將7包唐寧香草菊蜜茶兌上300ml熱水浸泡靜置6分鐘後取出茶包，加入300g白砂糖攪拌完全溶解後放涼。

3. 於雪克杯內依序加入唐寧皇家伯爵茶湯、香草菊蜜茶糖漿、鳳梨汁、鳳梨活醋、破布子汁，最後加入新鮮檸檬汁，再噴灑珠光銀噴霧。

4. 加入冰塊搖盪後，以隔冰器加濾網過濾調飲倒入杯內。

5. 最後放上裝飾物。

第五屆・銅賞
Legacy

材料
唐寧香甜蜜桃茶⋯1茶包
唐寧香草菊蜜茶⋯1茶包
黃甜椒⋯12g
黃金小番茄⋯2顆

【柳橙糖蜜】⋯25ml
新鮮柳橙汁⋯100ml
白砂糖⋯50g

裝飾物
乾燥柳橙片

食物搭配
鬆餅、甜筒、柳橙醬、紅椒粉、彩色生菜根

作法
1. 將1包唐寧香甜蜜桃茶兌100ml熱水浸泡4分鐘後取出茶包，冷卻後取60ml茶湯。
2. 將1包唐寧香草菊蜜茶兌100ml熱水浸泡4分鐘後取出茶包，冷卻後取60ml茶湯。
3. 將【柳橙糖蜜】的所有材料以中火加熱，攪拌煮至砂糖融化成糖蜜，放涼備用。
4. 將黃金小番茄、黃甜椒、兩種茶湯、柳橙糖蜜放進果汁機裡打勻後過濾至雪克杯內，加入冰塊搖盪後濾出至杯中。
5. 最後放上裝飾物和食物搭配。

TWININGS DELUXE DESSERTS

Appendix
3

頂級精品茶饗宴的甜點食譜

伯爵風味可可司康

PAGE 149

份量　1人份

材料

唐寧皇家伯爵茶粉⋯10g
低筋麵粉⋯100g
細砂糖⋯20g
煉乳⋯6g
泡打粉⋯4g
鹽⋯0.4g
奶油⋯20g
全蛋⋯20g
牛奶⋯16ml
動物鮮奶油⋯10ml
耐烤巧克力豆⋯14g

作法

1　將奶油和細砂糖、鹽混合後拌勻，備用。
2　低筋麵粉、唐寧皇家伯爵茶粉及泡打粉秤好後過篩，備用。
3　將**作法1**和全蛋一起拌勻，再倒入**作法2**的混合粉體。
4　依序加入牛奶、動物性鮮奶油、巧克力豆與煉乳迅速搓揉至捏不到粉塊。
5　麵團靜置冷卻1小時，等分成約50g為一塊。
6　於表面均勻刷上蛋黃液。
7　以上火攝氏210度、下火180度預熱烤箱5分鐘後，入烤箱烤約8分鐘。待麵團上色後將烤盤轉向，再烤12分鐘使麵團均勻上色。
8　取出放涼，建議可搭配果醬及奶油一同享用。

晨光甘菊香檸蛋糕

份量 6吋,4-6人份

材料
唐寧鉑金晨光草原甘菊花茶粉⋯60g
全蛋⋯420g
蛋黃⋯135g
糖⋯210g
低筋麵粉⋯150g
玉米粉⋯36g
沙拉油⋯165ml
君度酒⋯39ml
檸檬汁⋯120ml

裝飾物
唐寧鉑金晨光草原甘菊花茶、
藍莓、金箔

作法
1 將蛋黃、糖、全蛋打發至如奶昔質地,以抹刀測試劃過後痕跡不會馬上消失即可。
2 低筋麵粉、玉米粉和晨光草原甘菊花茶粉過篩備用。
3 將沙拉油、君度酒和檸檬汁加熱到攝氏35度後加入**作法**1、2材料混合均勻。
4 倒入六吋蛋糕烤模,輕輕震動模具使其均勻填滿。
5 以上下溫攝氏170度預熱烤箱5分鐘後,入烤箱烤約35-40分鐘,取出放涼。
6 最後以菊花、藍莓、金箔、輕綴在蛋糕表面。

鉑金薄荷橙香蛋糕

份量 1人份

材料

唐寧鉑金薄荷圓舞曲茶粉⋯4g
蛋黃⋯17g
蛋白⋯55g
糖⋯40g
蜂蜜⋯4g
轉化糖⋯3g
奶油⋯50g
橘子絲⋯4g
低筋麵粉⋯50g
泡打粉⋯2g
橘子醬⋯1g
檸檬醬⋯1g

裝飾物

食用花、開心果碎顆粒、薄荷葉、巧克力飾片

作法

1. 蛋黃、蛋白、蜂蜜、轉化糖及糖攪拌均勻後備用。
2. 低筋麵粉、薄荷圓舞曲茶粉及泡打粉過篩後拌入**作法1**，均勻混合。
3. 依序加入橘子醬和檸檬醬。
4. 將奶油加熱到攝氏70度後投入拌勻。
5. 將**作法4**混合好的麵團以保鮮膜密封，放入冰箱冷藏靜置1小時。
6. 將麵團自冰箱中取出，在室溫回溫至攝氏18度。
7. 取約45g麵團填入蛋糕模具，輕輕震動模具使其均勻填滿。
8. 以攝氏180度預熱烤箱5分鐘後，入烤箱烤約20分鐘，取出放涼。
9. 最後以食用花、開心果碎顆粒、薄荷葉、巧克力飾片輕綴在蛋糕表面。

鉑金胭脂莓果金芒蛋糕

份量 1人份

材料

唐寧鉑金胭脂莓果茶粉…5g
奶油…35g
二號砂糖…6g
糖…6g
海藻糖…6g
全蛋…1顆
杏仁粉…15g
泡打粉…2g
低筋麵粉…35g
芒果果泥…50g
芒果乾…30g

裝飾物

莓果醬、巧克力飾片、覆盆莓、金箔

作法

1 將奶油、二號砂糖、海藻糖及糖打至微發。
2 加入全蛋後攪拌均勻。
3 杏仁粉、泡打粉、低筋麵粉及胭脂莓果茶粉過篩後倒入**作法2**，迅速搓揉至捏不到粉塊。
4 依序加入芒果乾和芒果泥。
5 取約40g麵團填入檸檬造型半圓模具，輕輕震動模具使其均勻填滿。
6 以攝氏180度預熱烤箱5分鐘後，入烤箱烤約20分鐘，取出放涼。
7 最後以莓果醬、巧克力飾片、覆盆莓、金箔輕綴在蛋糕表面。

鉑金焦糖莓果巧克力慕斯

份量　1人份

材料

【焦糖鉑金巧克力慕斯】

唐寧鉑金琥珀焦糖博士茶粉…10g

葡萄糖漿…14g

蛋黃…10g

牛奶…90ml

調溫牛奶巧克力…85g

吉利丁片…5g

動物鮮奶油…130ml

【莓果軟凍】

覆盆莓果泥…100g

草莓果泥…100g

糖…24g

吉利丁…5g

檸檬汁…3ml

草莓酒…32ml

裝飾物

櫻桃、金箔

作法

【焦糖鉑金巧克力慕斯】

1. 將糖漿、牛奶和琥珀焦糖博士茶粉混合，以小火加熱至攝氏70度。
2. 加入蛋黃後輕輕攪拌使其稠化。
3. 以生飲冰水泡軟吉利丁片後加入拌勻。
4. 加入調溫牛奶巧克力，靜置降溫至攝氏35度。
5. 鮮奶油打發後加入**作法4**的麵糊並輕輕攪拌均勻。
6. 將麵糊填入杯子至五分滿。
7. 放入冰箱冷藏，等待凝固後備用。

【莓果軟凍】

1. 以生飲冰水泡軟吉利丁片後備用。
2. 將果泥、糖放入小鍋中，以小火加熱至攝氏75度，攪拌至糖融化看不見顆粒。
3. 投入**作法1**的吉利丁後加入檸檬汁及草莓酒。
4. 於室溫靜置，待降溫至18度。
5. 倒入已完成的慕斯杯中，放進冰箱冷藏約半小時使其凝固。
6. 取出後，以櫻桃及金箔裝飾擺盤即可享用。

TWININGS唐寧茶生活美學的誕生

作者	TWININGS唐寧茶	發行	遠足文化事業股份有限公司
採訪撰稿	黃翠貞、陳淑倩	地址	231新北市新店區民權路108-2號9樓
編輯協力	Kelly	電話	(02)2218-1417
美術設計	TODAY STUDIO	傳真	(02)2218-8057
圖片提供	美食好芃友／陳景芃（書中43頁）	電郵	service@bookrep.com.tw
印務	黃禮賢、李孟儒	郵撥帳號	19504465
		客服專線	0800-221-029
出版總監	黃文慧	網址	www.bookrep.com.tw
副總編	梁淑玲、林麗文	法律顧問	華洋法律事務所 蘇文生律師
主編	蕭歆儀、黃佳燕、賴秉薇		
行銷企劃	林彥伶、柯易甫	印製	凱林彩印股份有限公司
		地址	114台北市內湖區安康路106巷59號
社長	郭重興	電話	(02)2794-5797
發行人兼出版總監	曾大福		

初版一刷　西元2019年7月
Printed in Taiwan　有著作權・侵害必究

出版者	幸福文化
地址	231新北市新店區民權路108-1號8樓
粉絲團	Happyhappybooks
電話	(02)2218-1417
傳真	(02)2218-8057

國家圖書館出版品預行編目（CIP）資料

TWININGS唐寧茶生活美學的誕生／TWININGS唐寧茶著. -- 初版. -- 新北市：幸福文化，2019.07　192面；
19×24公分. -- (Santé；16)　ISBN 978-957-8683-59-4（平裝）　1.茶葉 2.茶藝 3.歷史 4.英國

481.6　　　　　　　　　　　　　　　　　　　　　　　　　　　　　　　108010325

Fortiter et Firmiter

Established 1706